만점왕 연산

1단계
초등 1학년 권장

 정답은 EBS 초등사이트(primary.ebs.co.kr)에서 다운로드 받으실 수 있습니다.

| 교재
내용
문의 | 교재 내용 문의는 EBS 초등사이트
(primary.ebs.co.kr)의 교재 Q&A
서비스를 활용하시기 바랍니다. | 교 재
정오표
공 지 | 발행 이후 발견된 정오 사항을 EBS 초등사이트
정오표 코너에서 알려 드립니다.
교재 검색 ▶ 교재 선택 ▶ 정오표 | 교재
정정
신청 | 공지된 정오 내용 외에 발견된 정오 사항이
있다면 EBS 초등사이트를 통해 알려 주세요.
교재 검색 ▶ 교재 선택 ▶ 교재 Q&A |

만점왕 연산

1단계

초등 1학년 권장

만점왕 연산을 선택한
친구들과 학부모님께!

연산은 수학을 공부하는 데 기본이 되는 **수학의 기초 학습**입니다.

어려운 사고력 문제를 풀 수 있는 학생도 정확하고 빠른 속도의 연산 실력이 부족하다면 높은 수학 점수를 받을 수 없습니다.

정해진 시간 안에 문제를 풀어야 하는데 기초 연산 문제에서 시간을 다 소비하고 나면 정작 사고력이 필요한 문제를 풀 시간이 없게 되기 때문입니다.

이처럼 연산은 매우 중요하지만 한 번에 길러지는 게 아니라 **꾸준히 학습해야** 합니다. 하지만 연산을 기계적으로 반복하기만 하면 사고의 폭을 제한할 수 있으므로 올바른 방법으로 학습해야 합니다.

처음 연산을 시작하는 학생에게는 연산의 정확성과 속도를 높이는 것이 중요하므로 수학의 개념과 원리를 바탕으로 한 충분한 훈련을 통해 연산 능력을 키워야 합니다.

만점왕 연산은 바로 이런 올바른 연산 공부를 위해 만들어진 책입니다.

만점왕 연산의
특징은 무엇인가요?

    만점왕 연산은 수학 교과 내용 중 수와 연산, 규칙성 단원을 반영하여 학교 진도에 맞추어 연산 공부를 하기 좋게 만든 책입니다.

    누구나 한 번쯤 해 봤을 연산 교재와는 차별화하여 매일 2쪽씩 부담없이 자기 학년 과정을 꾸준히 공부할 수 있는 교재입니다.

    만점왕 연산의 특징은 학교에서 배우는 수학 공부와 병행할 수 있도록 수학의 가장 기초가 되는 연산을 부담없이 매일 학습이 가능하도록 구성하였다는 점입니다.

만점왕 연산은 총 몇 단계로 구성되어 있나요?

    취학 전 예비 초등학생을 위한 **예비 2단계**와 **초등 12단계**를 합하여 총 **14단계**로 구성되어 있습니다.

    한 단계는 한 학기를 기준으로 구성하였기 때문에 초등 입학 전 예비 초등 1, 2단계를 마친 다음에는 1학년부터 6학년까지 총 12학기 동안 꾸준히 학습할 수 있습니다.

단계	Pre ❶단계	Pre ❷단계	❶단계	❷단계	❸단계	❹단계	❺단계
	취학 전 (만 6세부터)	취학 전 (만 6세부터)	초등 1-1	초등 1-2	초등 2-1	초등 2-2	초등 3-1
분량	10차시	10차시	8차시	12차시	12차시	8차시	10차시

단계	❻단계	❼단계	❽단계	❾단계	❿단계	⓫단계	⓬단계
	초등 3-2	초등 4-1	초등 4-2	초등 5-1	초등 5-2	초등 6-1	초등 6-2
분량	10차시	10차시	10차시	10차시	10차시	10차시	10차시

5일차 학습을 하루에 다 풀어도 되나요?

    연산은 한 번에 많이 푸는 것이 아니라 매일 꾸준히, 그리고 점차 난도를 높여 가며 풀어야 실력이 향상됩니다.

    만점왕 연산 교재로 **월요일부터 금요일까지 하루에 2쪽씩** 학교 수학 진도와 병행하여 푸는 것이 가장 좋습니다.

만점왕 연산
구성

1 연산 학습목표 이해하기 → **2** 원리 깨치기 → **3** 연산력 키우기 5일 학습

3단계 학습으로 체계적인 연산 능력을 기르고 규칙적인 공부 습관을 쌓을 수 있습니다.

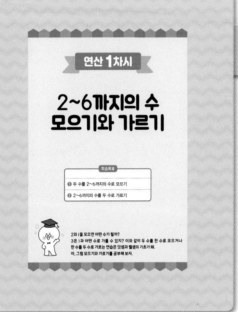

연산 1차시

2~6까지의 수 모으기와 가르기

학습목표

❶ 두 수를 2~6까지의 수로 모으기

❷ 2~6까지의 수를 두 수로 가르기

2와 1을 모으면 어떤 수가 될까? 3은 1과 어떤 수로 가를 수 있지? 이와 같이 두 수를 한 수로 모으거나 한 수를 두 수로 가르는 연습은 덧셈과 뺄셈의 기초가 돼요. 자, 그럼 모으기와 가르기를 공부해 보자.

1 연산 학습목표 이해하기

학습하기 전!
단원 도입을 보면서 흥미를 가져요.

학습목표

각 차시별 구체적인 학습 목표를 제시하였어요. 친절한 설명글은 차시에 대한 이해를 돕고 친구들에게 학습에 대한 의욕을 북돋워 줘요.

2 원리 깨치기

원리 깨치기만 보면
계산 원리가 보여요.

원리 깨치기

수학 교과서 내용을 바탕으로 계산 원리를 알기 쉽게 정리하였어요. 특히 [원리 깨치기] 속 **연산Key** 는 핵심 계산 원리를 한 눈에 보여 주고 있어요.

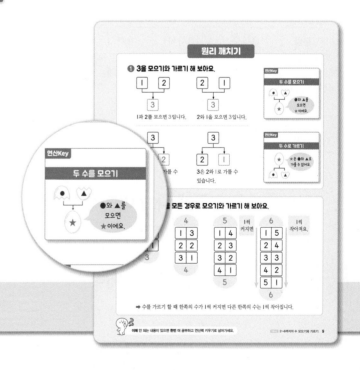

각 일차 연산 문제를 풀기 전,
연산Key를 먼저 확인하고
계산 원리와 방법을
스스로 이해해요.

힌트

각 일차 오른쪽 상단의 힌트를 읽으면
문제를 풀 때 도움이 돼요.

학습 점검

학습 날짜, 걸린 시간, 맞은 개수를 매일 체크하여
학습 진행 과정을 스스로 관리할 수 있도록 하였어요.

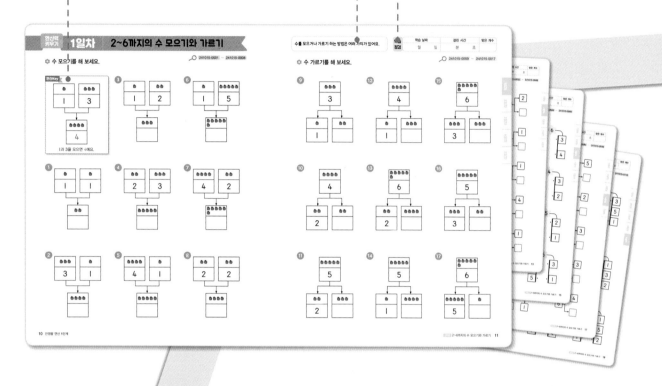

3 **연산력 키우기**

5일 학습

1~5일차 연산력 키우기로
연산 능력을 쑥쑥 길러요.

연산력 키우기 학습에 앞서
원리 깨치기 를 반드시 학습하여
계산 원리를 충분히 이해해요.

인공지능 DANCHOQ
푸리봇 문|제|검|색

EBS 초등사이트와 EBS 초등 APP 하단의
AI 학습도우미 푸리봇을 통해 문항코드를
검색하면 푸리봇이 해당 문제의 해설 강의를
찾아 줍니다.

문제별 문항코드 확인 ······→ 241015-0001

[241015-0001]

1. 아래 그래프를 이해한 내용으로 가장 적절한 것은?

문항코드 검색

✳ 효과적인 연산 학습을 위하여 차시별 대표 문항 풀이 강의를 제공합니다.

✳ 강의에서 다루어지지 않은 문항은 문항코드 검색 시 풀이 방법을 학습할 수 있는 대표 문항 풀이로 연결됩니다.

단계 학습 구성

차례

2~6까지의 수
모으기와 가르기

학습목표

❶ 두 수를 2~6까지의 수로 모으기

❷ 2~6까지의 수를 두 수로 가르기

2와 1을 모으면 어떤 수가 될까?

3은 1과 어떤 수로 가를 수 있지? 이와 같이 두 수를 한 수로 모으거나 한 수를 두 수로 가르는 연습은 덧셈과 뺄셈의 기초가 돼.

자, 그럼 모으기와 가르기를 공부해 보자.

원리 깨치기

❶ 3을 모으기와 가르기 해 보아요.

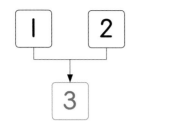

1과 2를 모으면 3입니다.

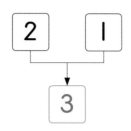

2와 1을 모으면 3입니다.

연산Key

두 수를 모으기

●와 ▲를 모으면 ★이에요.

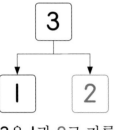

3은 1과 2로 가를 수 있습니다.

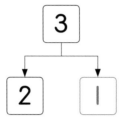

3은 2와 1로 가를 수 있습니다.

연산Key

두 수로 가르기

★은 ●와 ▲로 가를 수 있어요.

❷ 3, 4, 5, 6을 모든 경우로 모으기와 가르기 해 보아요.

3		4		5		6	
1	2	1	3	1	4	1	5
2	1	2	2	2	3	2	4
3		3	1	3	2	3	3
		4		4	1	4	2
				5		5	1

1씩 커지면

1씩 작아져요.

➡ 수를 가르기 할 때 한쪽의 수가 1씩 커지면 다른 한쪽의 수는 1씩 작아집니다.

이해 안 되는 내용이 있으면 한번 더 공부하고 연산력 키우기로 넘어가세요.

241015-0001 ~ 241015-0008

✿ 수 모으기를 해 보세요.

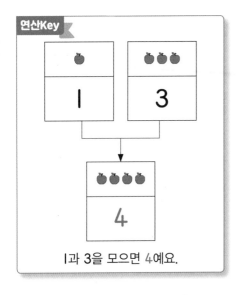

1과 3을 모으면 4예요.

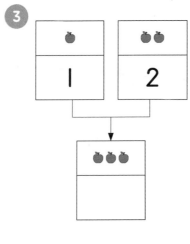

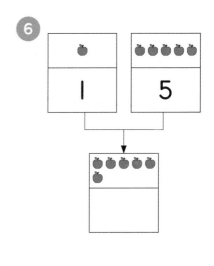

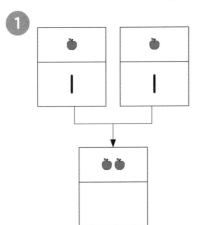

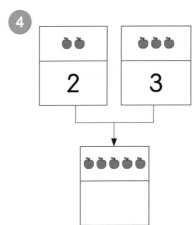

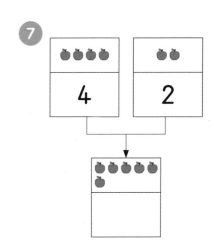

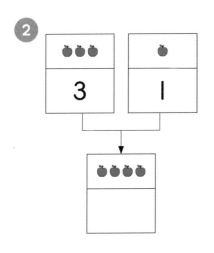

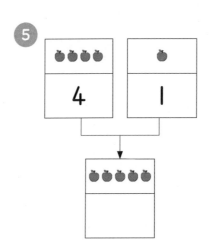

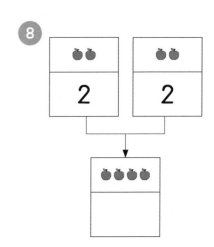

241015-0009 ~ 241015-0017

✿ 수 가르기를 해 보세요.

⑨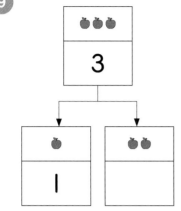

⑩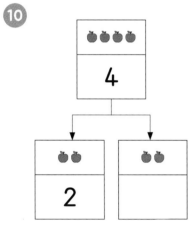

⑪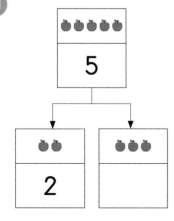

⑫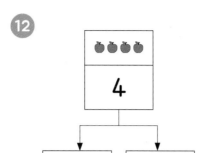

⑬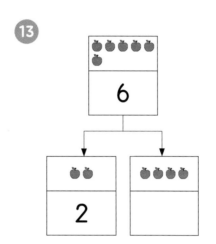

⑭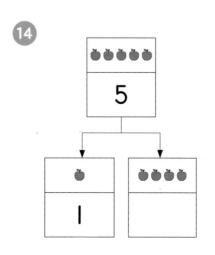

⑮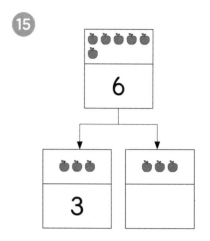

⑯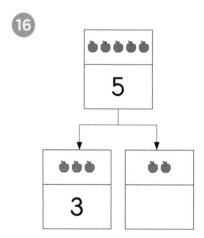

⑰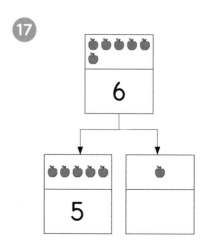

1차시 2~6까지의 수 모으기와 가르기 **11**

241015-0018 ~ 241015-0031

✿ **수 모으기를 해 보세요.**

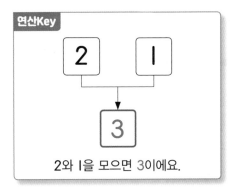

연산Key

2와 1을 모으면 3이에요.

①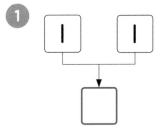

②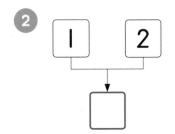

③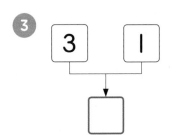

④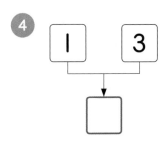

⑤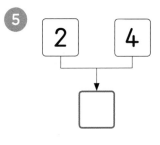

⑥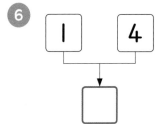

⑦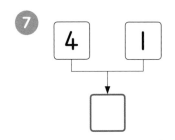

⑧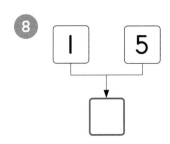

⑨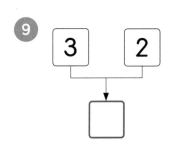

⑩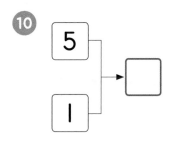

⑪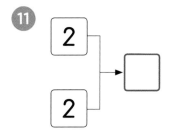

⑫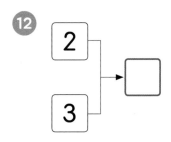

⑬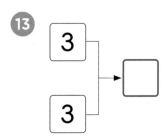

⑭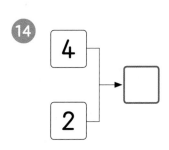

두 수를 모으기 한 수는 다시 두 수로 가르기 할 수 있어요.

✿ 수 가르기를 해 보세요.

 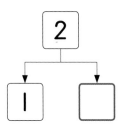

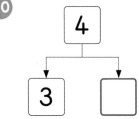

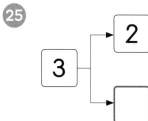

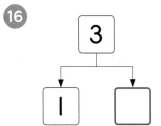

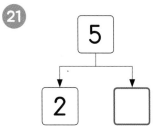

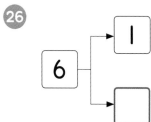

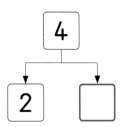

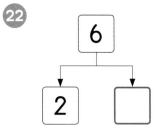

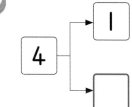

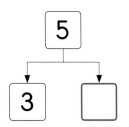

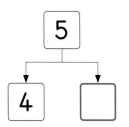

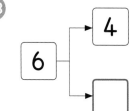

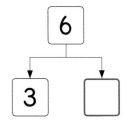

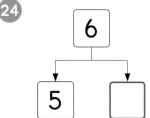

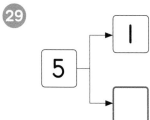

🌸 모으기 하여 ⭐ 안의 수가 되는 두 수를 찾아 선으로 이어 보세요.

241015-0047 ~ 241015-0057

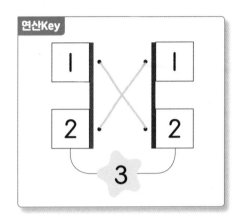

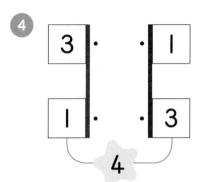

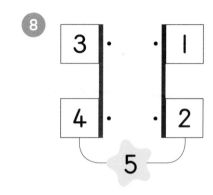

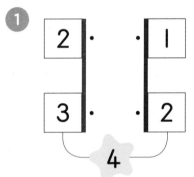

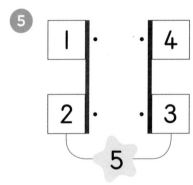

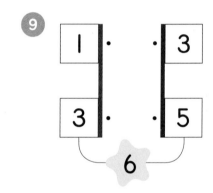

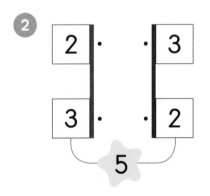

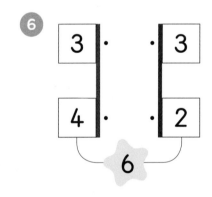

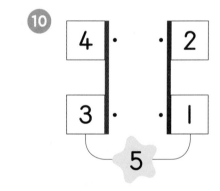

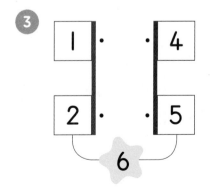

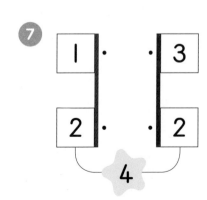

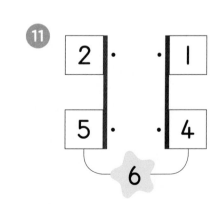

학습 점검	학습 날짜		걸린 시간		맞은 개수
	월	일	분	초	

🔍 241015-0058 ~ 241015-0069

✿ ⭐ 안의 수를 가르기 한 두 수를 찾아 선으로 이어 보세요.

12
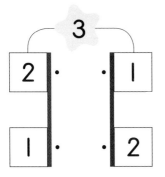

16
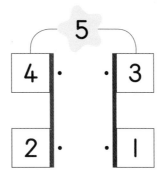

20
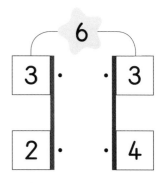

13
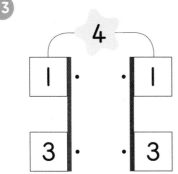

17
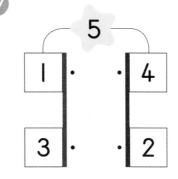

21
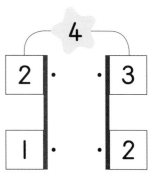

14
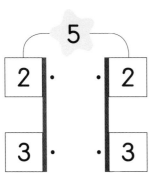

18
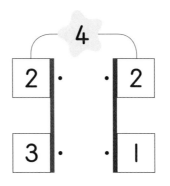

22
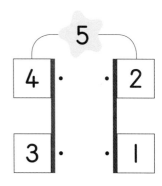

15
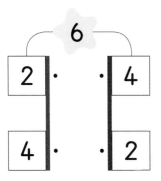

19
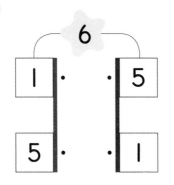

23
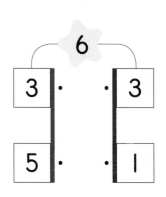

241015-0070 ~ 241015-0083

✿ 수 모으기를 해 보세요.

연산Key

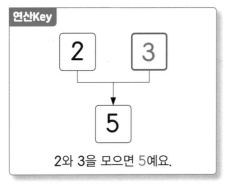

2와 3을 모으면 5예요.

1
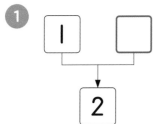

2
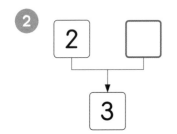

3
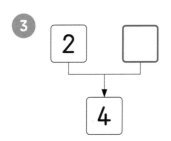

4
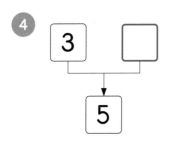

5
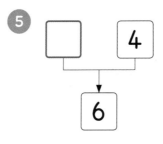

6
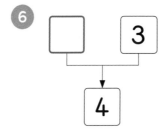

7
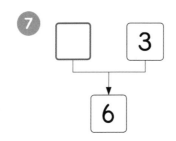

8
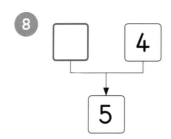

9
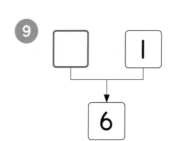

10
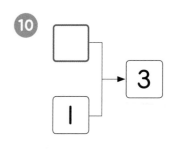

11
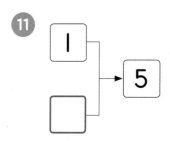

12
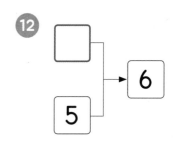

13
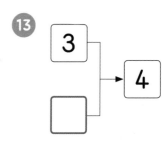

14
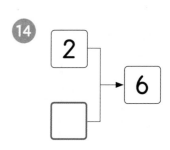

두 수를 모으기 한 수는 다시 두 수로 가르기 할 수 있어요.

241015-0084 ~ 241015-0098

✿ 수 가르기를 해 보세요.

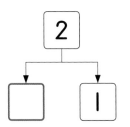

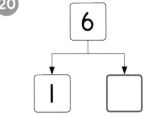

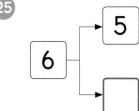

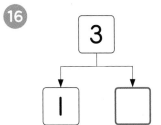

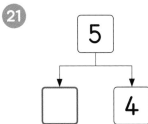

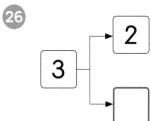

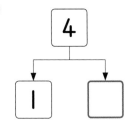

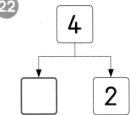

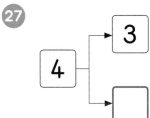

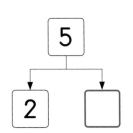

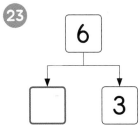

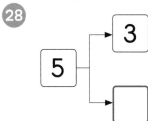

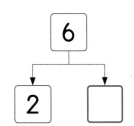

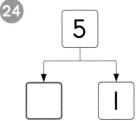

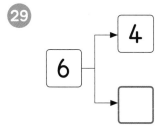

✿ 모으기 하여 ⭐ 안의 수가 되는 두 수를 찾아 선으로 이어 보세요.

241015-0099 ~ 241015-0106

연산Key

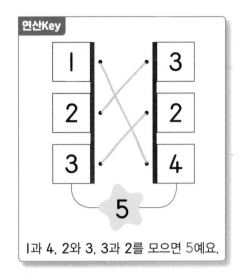

1과 4, 2와 3, 3과 2를 모으면 5예요.

③

1	·	·	3
2	·	·	4
4	·	·	1

⭐ 5

⑥

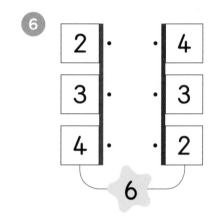

①

3	·	·	1
2	·	·	3
1	·	·	2

⭐ 4

④

3	·	·	2
4	·	·	3
5	·	·	1

⭐ 6

⑦

2	·	·	2
3	·	·	3
4	·	·	1

⭐ 5

②

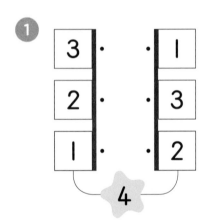

⑤

3	·	·	4
4	·	·	1
1	·	·	2

⭐ 5

⑧

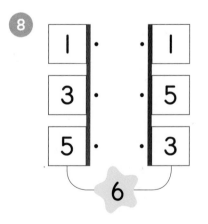

🌸 ⭐ 안의 수를 가르기 한 두 수를 찾아 선으로 이어 보세요.

241015-0107 ~ 241015-0115

9

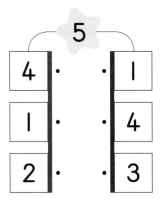

12

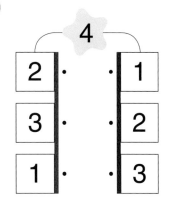

15

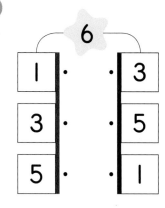

10

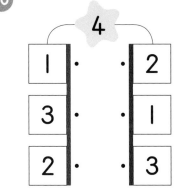

13

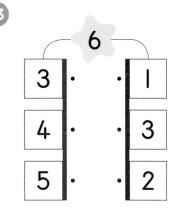

16

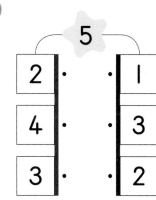

11

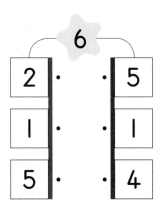

14

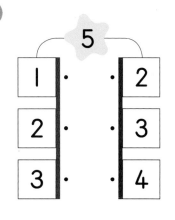

17

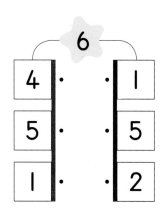

7~9까지의 수 모으기와 가르기

학습목표

❶ 두 수를 7~9까지의 수로 모으기

❷ 7~9까지의 수를 두 수로 가르기

이번에는 7~9까지의 수를 모으거나 가르기 해 보자.
7~9까지의 수 모으기와 가르기를 하면서
수가 커질수록 모으거나 가르는 경우가 많아진다는 걸 알게 될 거야.

1 **7을 모으기와 가르기 해 보아요.**

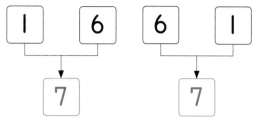

1	6

↓

| 7 |

1과 6을 모으면
7입니다.

6	1

↓

| 7 |

6과 1을 모으면
7입니다.

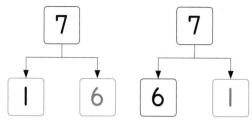

| 7 |

↓   ↓

1	6

7은 1과 6으로
가를 수 있습니다.

| 7 |

↓   ↓

6	1

7은 6과 1로
가를 수 있습니다.

2 **7, 8, 9를 모든 경우로 모으기와 가르기 해 보아요.**

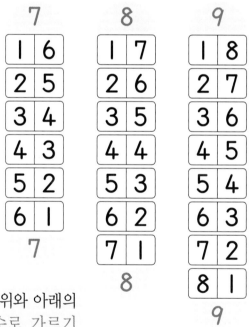

7

1	6
2	5
3	4
4	3
5	2
6	1

7

8

1	7
2	6
3	5
4	4
5	3
6	2
7	1

8

9

1	8
2	7
3	6
4	5
5	4
6	3
7	2
8	1

9

연산Key

★

↓   ↓

●   ▲

↓

★

수를 가르기
한 다음 다시
두 수를 모으기 하면
처음 수가
돼요.

9를 위와 아래의
두 수로 가르기
할 수 있어요.

9	1	2	3	4	5	6	7	8	9
	8	7	6	5	4	3	2	1	

위와 아래에
있는 두 수를
모으기 하면
9가 돼요.

• 모으기 하여 9가 되는 두 수는 여러 가지가 있습니다.

• 9를 두 수로 가르기 하는 방법은 여러 가지가 있습니다.

이해 안 되는 내용이 있으면 **한번** 더 공부하고 연산력 키우기로 넘어가세요.

241015-0116 ~ 241015-0123

✿ 수 모으기를 해 보세요.

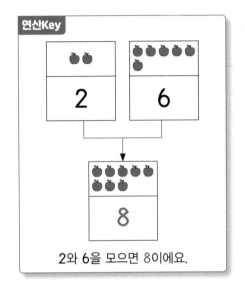

2와 6을 모으면 8이에요.

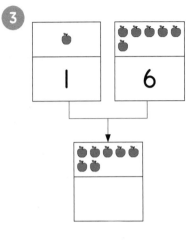

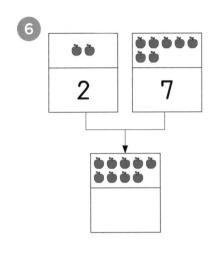

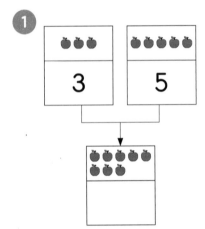

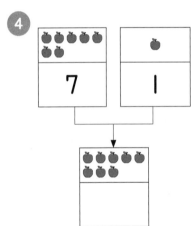

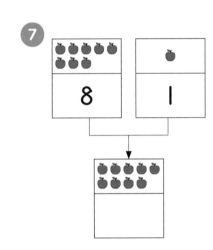

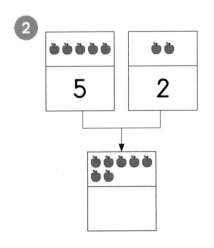

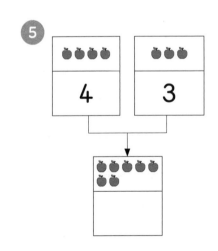

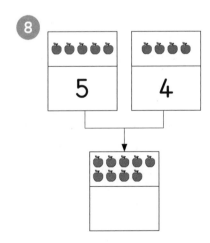

수를 모으거나 가르기 하는 방법은 여러 가지가 있어요.

❀ 수 가르기를 해 보세요.

241015-0124 ~ 241015-0132

⑨
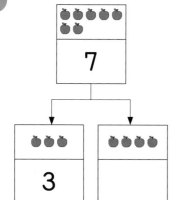

⑫
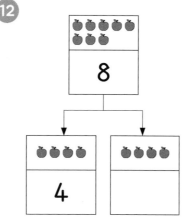

⑮
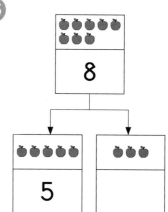

⑩
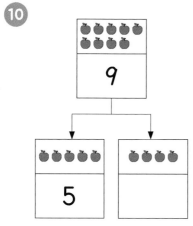

⑬
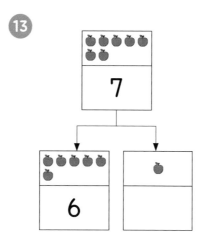

⑯
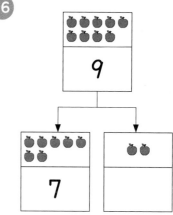

⑪
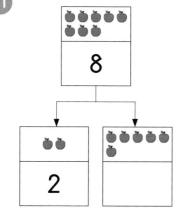

⑭
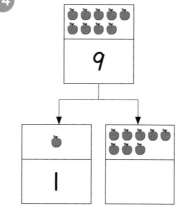

⑰
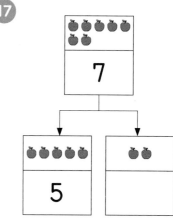

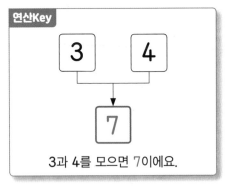

241015-0133 ~ 241015-0146

✿ 수 모으기를 해 보세요.

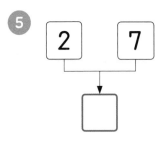
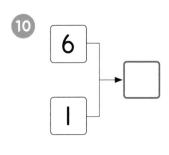
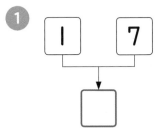
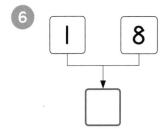
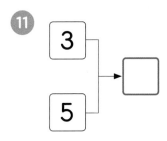
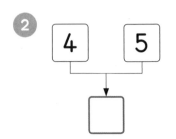
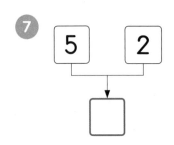
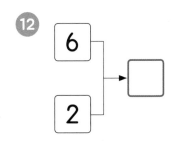
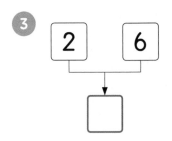
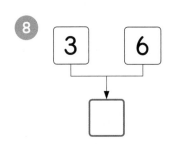
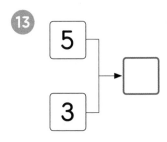
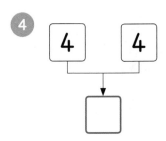
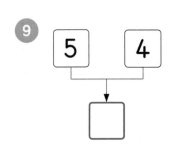
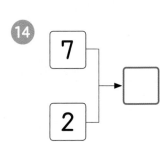

두 수를 모으기 한 수는 다시 두 수로 가르기 할 수 있어요.

🔍 241015-0147 ~ 241015-0161

✿ **수 가르기를 해 보세요.**

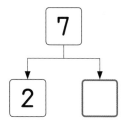

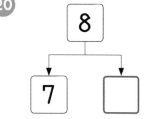

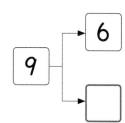

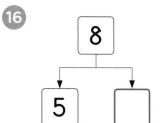

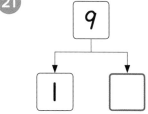

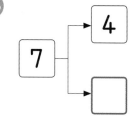

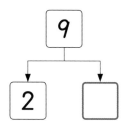

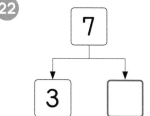

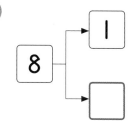

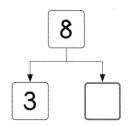

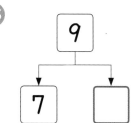

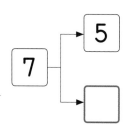

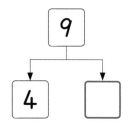

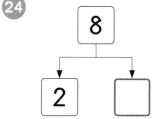

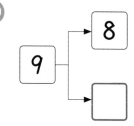

241015-0162 ~ 241015-0172

✱ 모으기 하여 ⭐ 안의 수가 되는 두 수를 찾아 선으로 이어 보세요.

연산Key

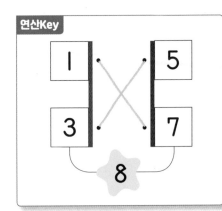

④
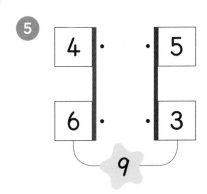

⑧
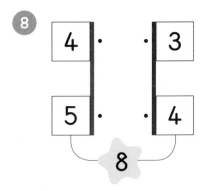

①
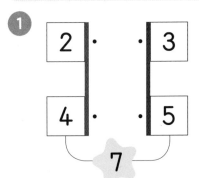

⑤
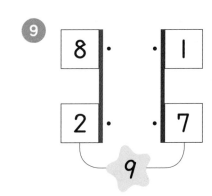

⑨
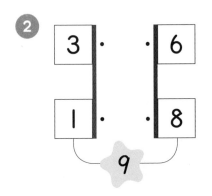

②
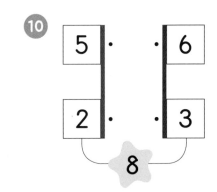

⑥

⑩

③

⑦

⑪
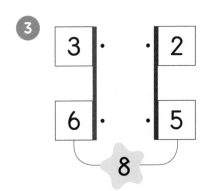
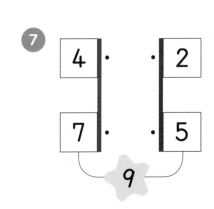
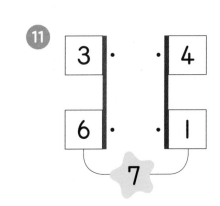

✿ ⭐ 안의 수를 가르기 한 두 수를 찾아 선으로 이어 보세요.

🔍 241015-0173 ~ 241015-0184

⑫
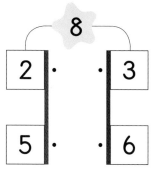

⑯
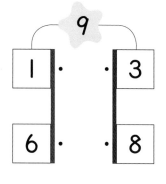

⑳
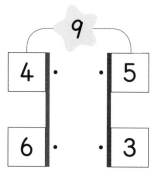

⑬
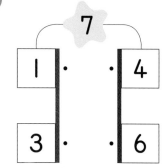

⑰
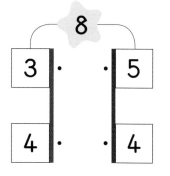

㉑
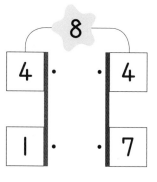

⑭
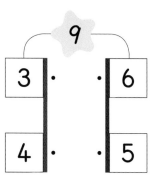

⑱
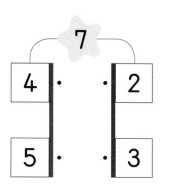

㉒
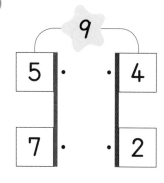

⑮
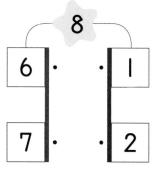

⑲
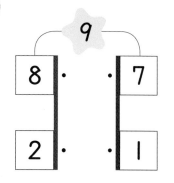

㉓
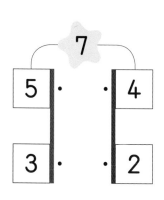

241015-0185 ~ 241015-0198

❀ 수 모으기를 해 보세요.

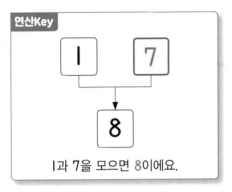

1과 7을 모으면 8이에요.

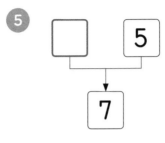

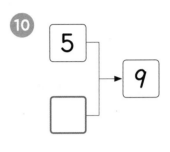

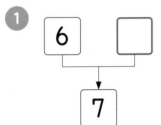

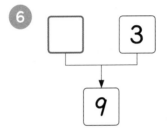

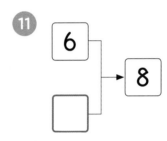

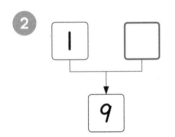

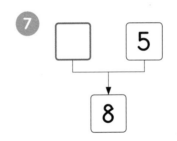

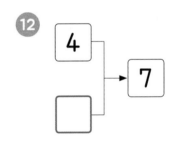

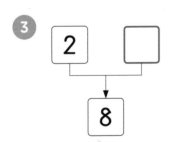

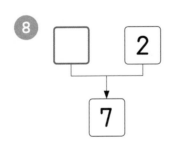

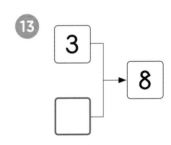

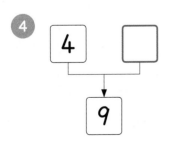

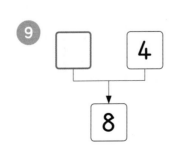

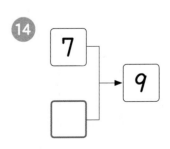

두 수를 모으기 한 수는 다시 두 수로 가르기 할 수 있어요.

241015-0199 ~ 241015-0213

✱ 수 가르기를 해 보세요.

15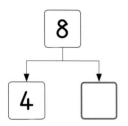

20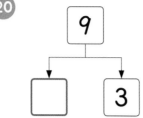

25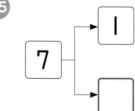

16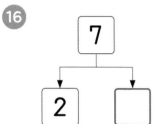

21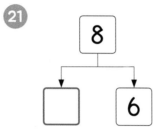

26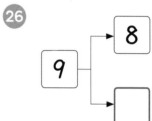

17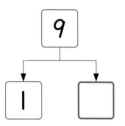

22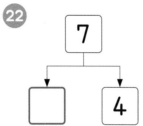

27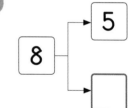

18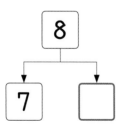

23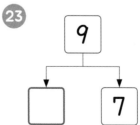

28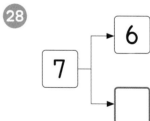

19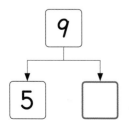

24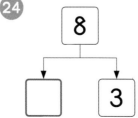

29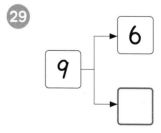

✽ 모으기 하여 ⭐ 안의 수가 되는 두 수를 찾아 선으로 이어 보세요.

241015-0214 ~ 241015-0221

연산Key

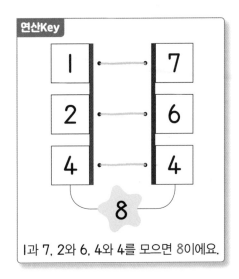

1과 7, 2와 6, 4와 4를 모으면 8이에요.

③

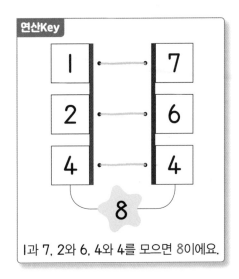

⑥

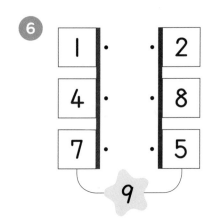

①

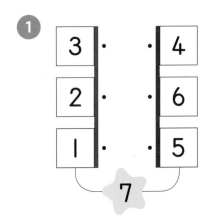

④

⑦

②

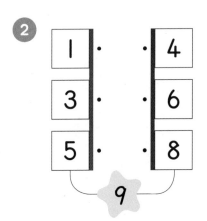

⑤

⑧

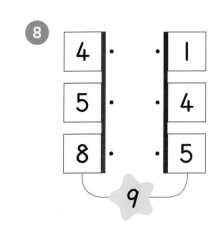

241015-0222 ~ 241015-0230

✿ ⭐ 안의 수를 가르기 한 두 수를 찾아 선으로 이어 보세요.

⑨
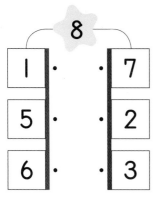

⑫
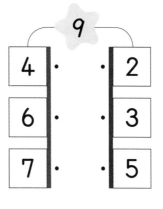

⑮
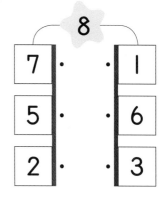

⑩
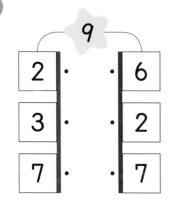

⑬

⑯
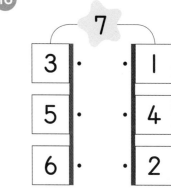

⑪
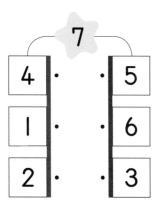

⑭
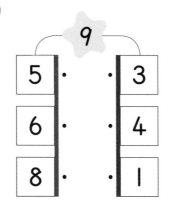

⑰
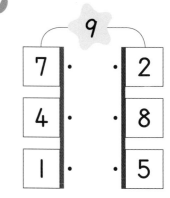

합이 9까지인 덧셈(1)

학습목표

❶ 그림을 이용하여 합이 9까지인 덧셈 익히기

❷ 수 모으기를 이용하여 합이 9까지인 덧셈 익히기

❸ 가로셈과 세로셈으로 합이 9까지인 덧셈 익히기

앞차시에서 공부한 9까지의 수 모으기를 바탕으로
합이 9까지인 덧셈을 할 거야.
답이 바로 안 나올 때는 모으기를 생각하며 덧셈을 하면 돼.

원리 깨치기

❶ 그림을 보고 덧셈을 해 보아요.

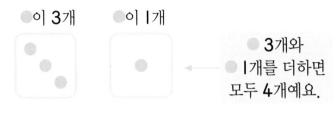

●이 3개 　 ●이 1개

● 3개와
1개를 더하면
모두 4개예요.

연산Key

덧셈식 쓰고 읽기

쓰기 　▲ + ● = ■

읽기 　▲ 더하기 ●는 ■와 같습니다.
　　　▲와 ●의 합은 ■입니다.

쓰기 　$3 + 1 = 4$

읽기 　3 더하기 1은 4와 같습니다.
　　　3과 1의 합은 4입니다.

❷ 수 모으기로 덧셈을 해 보아요.

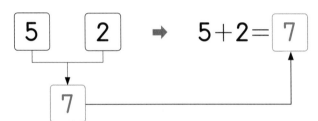

5 　 2 　➡ 　$5 + 2 = 7$

7

· 5와 2를 모으면 7이므로 $5+2=7$
입니다.

· $5+2=7$

읽기 　5 더하기 2는 7과 같습니다.
　　　5와 2의 합은 7입니다.

❸ 가로셈을 세로셈으로 바꾸어 덧셈을 해 보아요.

$4 + 3 = 7$ ➡

```
    4  ← 더해지는 수
+   3  ← 더하는 수
    7  ← 합
```

연산Key

가로셈과 세로셈

가로셈 　▲ + ● = ■ (합)

세로셈

합은 식 바로
아래에 써요.

· 가로로 더하는 두 수를 세로로 줄을 맞춰 차례로 쓰고,
바로 아래에 합을 씁니다.

· $4+3=7$ 　읽기 　4 더하기 3은 7과 같습니다.
　　　　　　　　　　4와 3의 합은 7입니다.

241015-0231 ~ 241015-0244

✿ 그림을 보고 덧셈을 해 보세요.

연산Key

$1+5=\boxed{6}$

● 1개와 ● 5개를 더하면
모두 6개이므로 1+5=6이에요.

5

$2+1=\boxed{}$

10

$4+5=\boxed{}$

1

$1+1=\boxed{}$

6

$1+6=\boxed{}$

11

$2+3=\boxed{}$

2
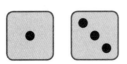
$1+3=\boxed{}$

7

$6+3=\boxed{}$

12

$6+2=\boxed{}$

3
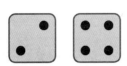
$2+4=\boxed{}$

8

$3+4=\boxed{}$

13

$2+7=\boxed{}$

4
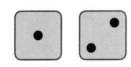
$1+2=\boxed{}$

9

$5+2=\boxed{}$

14

$3+5=\boxed{}$

전체 ●의 개수를 구하는 덧셈을 해 보세요.

241015-0245 ~ 241015-0259

⑮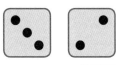

$3+2=\boxed{}$

⑳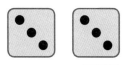

$3+3=\boxed{}$

㉕

$4+2=\boxed{}$

⑯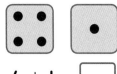

$4+1=\boxed{}$

㉑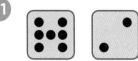

$7+2=\boxed{}$

㉖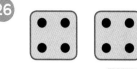

$4+4=\boxed{}$

⑰

$5+1=\boxed{}$

㉒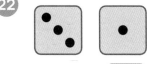

$3+1=\boxed{}$

㉗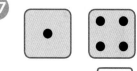

$1+4=\boxed{}$

⑱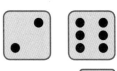

$2+6=\boxed{}$

㉓

$2+5=\boxed{}$

㉘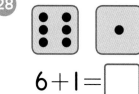

$6+1=\boxed{}$

⑲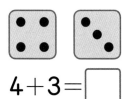

$4+3=\boxed{}$

㉔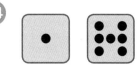

$1+7=\boxed{}$

㉙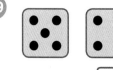

$5+4=\boxed{}$

241015-0260 ~ 241015-0270

✿ 수 모으기를 하고 덧셈을 해 보세요.

연산Key

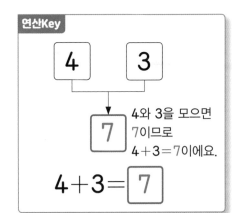

4와 3을 모으면 7이므로 4+3=7이에요.

$4+3=\boxed{7}$

1

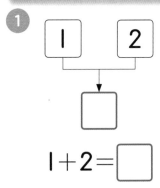

$1+2=\boxed{}$

2

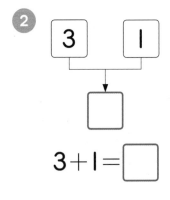

$3+1=\boxed{}$

3

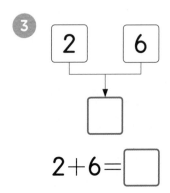

$2+6=\boxed{}$

4

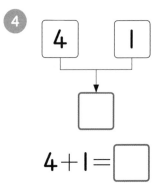

$4+1=\boxed{}$

5

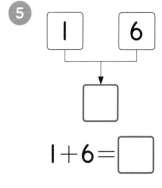

$1+6=\boxed{}$

6

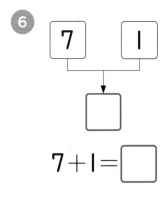

$7+1=\boxed{}$

7

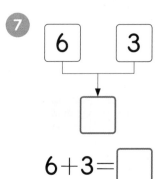

$6+3=\boxed{}$

8

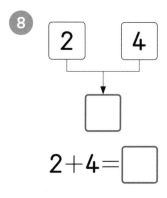

$2+4=\boxed{}$

9

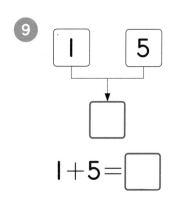

$1+5=\boxed{}$

10

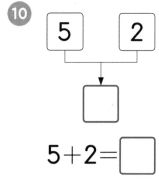

$5+2=\boxed{}$

11

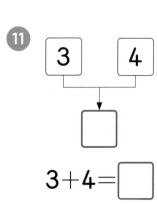

$3+4=\boxed{}$

⑫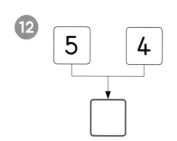

$5+4=\boxed{}$

⑯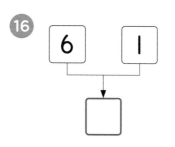

$6+1=\boxed{}$

⑳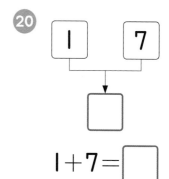

$1+7=\boxed{}$

⑬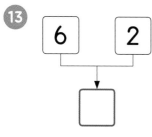

$6+2=\boxed{}$

⑰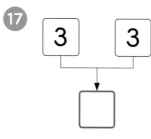

$3+3=\boxed{}$

㉑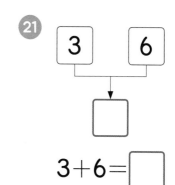

$3+6=\boxed{}$

⑭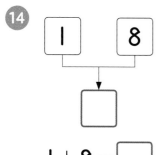

$1+8=\boxed{}$

⑱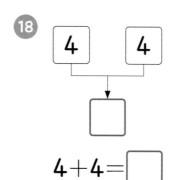

$4+4=\boxed{}$

㉒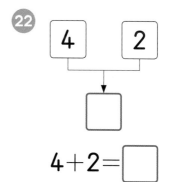

$4+2=\boxed{}$

⑮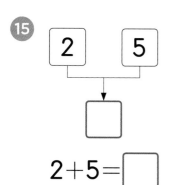

$2+5=\boxed{}$

⑲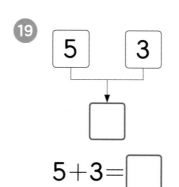

$5+3=\boxed{}$

㉓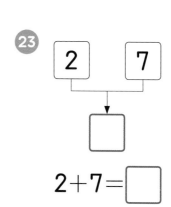

$2+7=\boxed{}$

241015-0283 ~ 241015-0299

❀ 덧셈을 해 보세요.

연산Key
$$1 + 3 = \boxed{4}$$

1 $1 + 2 = \square$

2 $1 + 7 = \square$

3 $1 + 4 = \square$

4 $1 + 5 = \square$

5 $1 + 8 = \square$

6 $2 + 1 = \square$

7 $2 + 5 = \square$

8 $2 + 3 = \square$

9 $2 + 4 = \square$

10 $2 + 7 = \square$

11 $2 + 6 = \square$

12 $3 + 1 = \square$

13 $3 + 2 = \square$

14 $3 + 6 = \square$

15 $3 + 4 = \square$

16 $3 + 5 = \square$

17 $3 + 3 = \square$

241015-0300 ~ 241015-0314

18

$$\begin{array}{r} 4 \\ +\ 1 \\ \hline \end{array}$$

19

$$\begin{array}{r} 4 \\ +\ 2 \\ \hline \end{array}$$

20

$$\begin{array}{r} 4 \\ +\ 4 \\ \hline \end{array}$$

21

$$\begin{array}{r} 5 \\ +\ 1 \\ \hline \end{array}$$

22

$$\begin{array}{r} 5 \\ +\ 3 \\ \hline \end{array}$$

23

$$\begin{array}{r} 4 \\ +\ 5 \\ \hline \end{array}$$

24

$$\begin{array}{r} 5 \\ +\ 2 \\ \hline \end{array}$$

25

$$\begin{array}{r} 4 \\ +\ 3 \\ \hline \end{array}$$

26

$$\begin{array}{r} 5 \\ +\ 4 \\ \hline \end{array}$$

27

$$\begin{array}{r} 6 \\ +\ 1 \\ \hline \end{array}$$

28

$$\begin{array}{r} 6 \\ +\ 3 \\ \hline \end{array}$$

29

$$\begin{array}{r} 7 \\ +\ 1 \\ \hline \end{array}$$

30

$$\begin{array}{r} 7 \\ +\ 2 \\ \hline \end{array}$$

31

$$\begin{array}{r} 8 \\ +\ 1 \\ \hline \end{array}$$

32

$$\begin{array}{r} 6 \\ +\ 2 \\ \hline \end{array}$$

241015-0315 ~ 241015-0325

✿ 수 모으기를 하고 덧셈식을 완성해 보세요.

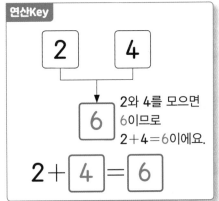

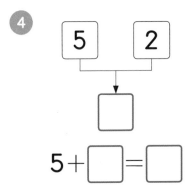

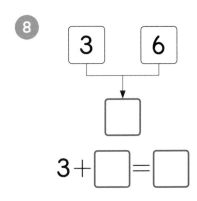

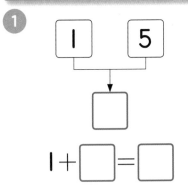

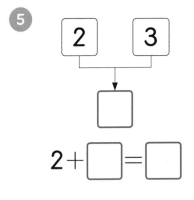

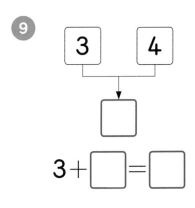

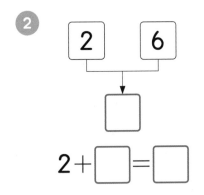

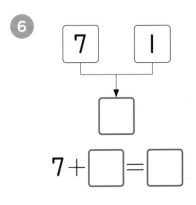

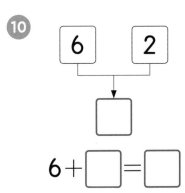

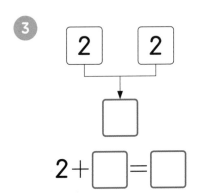

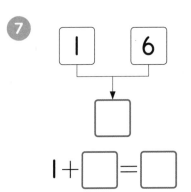

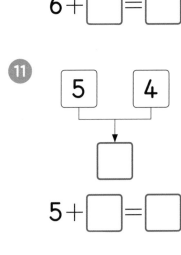

두 수를 모은 수는 덧셈식의 합과 같아요.

241015-0326 ~ 241015-0337

⑫
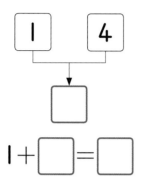

$1 + \square = \square$

⑯
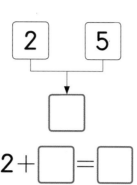

$2 + \square = \square$

⑳
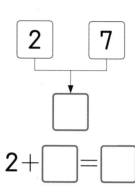

$2 + \square = \square$

⑬
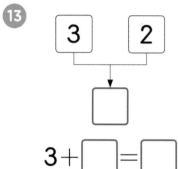

$3 + \square = \square$

⑰
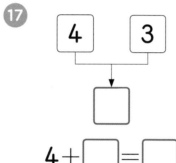

$4 + \square = \square$

㉑
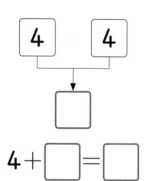

$4 + \square = \square$

⑭
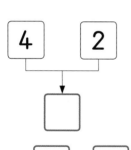

$4 + \square = \square$

⑱
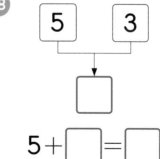

$5 + \square = \square$

㉒
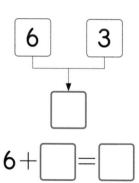

$6 + \square = \square$

⑮
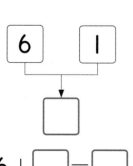

$6 + \square = \square$

⑲
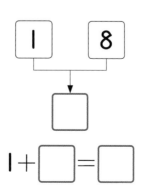

$1 + \square = \square$

㉓
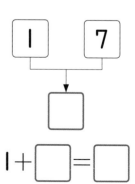

$1 + \square = \square$

241015-0338 ~ 241015-0354

✿ 덧셈을 해 보세요.

연산Key

$$7+1=\boxed{8}$$

⑥ $8+1=\square$

⑫ $3+1=\square$

① $1+1=\square$

⑦ $5+1=\square$

⑬ $3+2=\square$

② $2+2=\square$

⑧ $1+2=\square$

⑭ $2+4=\square$

③ $4+5=\square$

⑨ $2+7=\square$

⑮ $7+2=\square$

④ $2+5=\square$

⑩ $4+4=\square$

⑯ $3+5=\square$

⑤ $3+6=\square$

⑪ $5+3=\square$

⑰ $6+2=\square$

241015-0355 ~ 241015-0369

⑱
$$\begin{array}{r} 1 \\ +\ 3 \\ \hline \end{array}$$

⑲
$$\begin{array}{r} 3 \\ +\ 3 \\ \hline \end{array}$$

⑳
$$\begin{array}{r} 3 \\ +\ 4 \\ \hline \end{array}$$

㉑
$$\begin{array}{r} 1 \\ +\ 5 \\ \hline \end{array}$$

㉒
$$\begin{array}{r} 2 \\ +\ 3 \\ \hline \end{array}$$

㉓
$$\begin{array}{r} 4 \\ +\ 3 \\ \hline \end{array}$$

㉔
$$\begin{array}{r} 1 \\ +\ 7 \\ \hline \end{array}$$

㉕
$$\begin{array}{r} 6 \\ +\ 1 \\ \hline \end{array}$$

㉖
$$\begin{array}{r} 4 \\ +\ 2 \\ \hline \end{array}$$

㉗
$$\begin{array}{r} 5 \\ +\ 4 \\ \hline \end{array}$$

㉘
$$\begin{array}{r} 1 \\ +\ 4 \\ \hline \end{array}$$

㉙
$$\begin{array}{r} 5 \\ +\ 2 \\ \hline \end{array}$$

㉚
$$\begin{array}{r} 1 \\ +\ 8 \\ \hline \end{array}$$

㉛
$$\begin{array}{r} 2 \\ +\ 6 \\ \hline \end{array}$$

㉜
$$\begin{array}{r} 6 \\ +\ 3 \\ \hline \end{array}$$

합이 9까지인 덧셈(2)

학습목표

❶ 두 수 바꾸어 더하기로 합이 9까지인 덧셈 익히기

❷ 더하는 수 구하기로 합이 9까지인 덧셈 익히기

이제부터는 덧셈의 성질을 이해하거나 더하는 수 구하는 연습을 하면서 합이 9까지인 덧셈을 완벽하게 공부해 보자.

❶ 두 수를 바꾸어 더해 보아요.

$$3+5= \boxed{8}$$

$$5+3= \boxed{8}$$

연산Key

$$\blacktriangle + \bullet = \bullet + \blacktriangle$$

더하는 두 수를
바꾸어 더해도
합은 같아요.

- 3+5와 5+3은 8로 같습니다.
- 덧셈에서는 더하는 두 수를 바꾸어 더해도 합은 같습니다.

❷ 수 모으기로 더하는 수를 구해 보아요.

$$\boxed{3} \quad \boxed{6}$$

$$\boxed{9}$$

$$\Rightarrow \quad 3+\boxed{6}=9$$

더하는 수

- 3과 6을 모으면 9가 되므로 3+6=9에서 ▢=6입니다.

❸ 더하는 수를 구해 보아요.

$$3+\boxed{5}=8$$

$$5+\boxed{3}=8$$

합이 같은 두 수를
바꾸어 더하고,
더하는 수를 구해요.

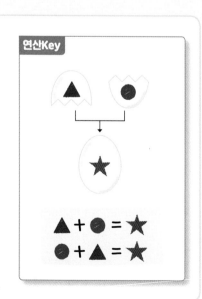

$$\blacktriangle + \bullet = \bigstar$$

$$\bullet + \blacktriangle = \bigstar$$

- 3과 5를 모으면 8이 되므로 3+5=8에서 ▢=5입니다.
- 5와 3을 모으면 8이 되므로 5+3=8에서 ▢=3입니다.

이해 안 되는 내용이 있으면 **한번** 더 공부하고 연산력 키우기로 넘어가세요.

241015-0370 ~ 241015-0386

❀ **덧셈을 해 보세요.**

연산Key
$$3 + 1 = \boxed{4}$$

① $1 + 1 = \square$

② $6 + 2 = \square$

③ $5 + 1 = \square$

④ $7 + 1 = \square$

⑤ $2 + 2 = \square$

⑥ $1 + 3 = \square$

⑦ $3 + 4 = \square$

⑧ $5 + 3 = \square$

⑨ $2 + 6 = \square$

⑩ $4 + 4 = \square$

⑪ $1 + 5 = \square$

⑫ $2 + 1 = \square$

⑬ $3 + 2 = \square$

⑭ $4 + 3 = \square$

⑮ $5 + 4 = \square$

⑯ $7 + 2 = \square$

⑰ $8 + 1 = \square$

241015-0387 ~ 241015-0401

⑱
$$\begin{array}{r} 1 \\ +\ 2 \\ \hline \end{array}$$

⑲
$$\begin{array}{r} 2 \\ +\ 3 \\ \hline \end{array}$$

⑳
$$\begin{array}{r} 3 \\ +\ 3 \\ \hline \end{array}$$

㉑
$$\begin{array}{r} 2 \\ +\ 7 \\ \hline \end{array}$$

㉒
$$\begin{array}{r} 4 \\ +\ 2 \\ \hline \end{array}$$

㉓
$$\begin{array}{r} 5 \\ +\ 2 \\ \hline \end{array}$$

㉔
$$\begin{array}{r} 4 \\ +\ 1 \\ \hline \end{array}$$

㉕
$$\begin{array}{r} 4 \\ +\ 5 \\ \hline \end{array}$$

㉖
$$\begin{array}{r} 3 \\ +\ 6 \\ \hline \end{array}$$

㉗
$$\begin{array}{r} 1 \\ +\ 7 \\ \hline \end{array}$$

㉘
$$\begin{array}{r} 3 \\ +\ 5 \\ \hline \end{array}$$

㉙
$$\begin{array}{r} 1 \\ +\ 8 \\ \hline \end{array}$$

㉚
$$\begin{array}{r} 2 \\ +\ 5 \\ \hline \end{array}$$

㉛
$$\begin{array}{r} 6 \\ +\ 1 \\ \hline \end{array}$$

㉜
$$\begin{array}{r} 6 \\ +\ 3 \\ \hline \end{array}$$

241015-0402 ~ 241015-0415

❋ **덧셈을 해 보세요.**

연산Key

$1+3=\boxed{4}$

$3+1=\boxed{4}$

1+3과 3+1은 4로 같아요.

①

$1+2=\square$

$2+1=\square$

②

$2+3=\square$

$3+2=\square$

③

$3+4=\square$

$4+3=\square$

④

$4+1=\square$

$1+4=\square$

⑤

$2+4=\square$

$4+2=\square$

⑥

$3+5=\square$

$5+3=\square$

⑦

$1+5=\square$

$5+1=\square$

⑧

$2+5=\square$

$5+2=\square$

⑨

$2+6=\square$

$6+2=\square$

⑩

$1+6=\square$

$6+1=\square$

⑪

$6+3=\square$

$3+6=\square$

⑫

$1+7=\square$

$7+1=\square$

⑬

$4+5=\square$

$5+4=\square$

⑭

$2+7=\square$

$7+2=\square$

⑮
$$\begin{array}{r} 3 \\ +\ 1 \\ \hline \end{array}$$
$$\begin{array}{r} 1 \\ +\ 3 \\ \hline \end{array}$$

⑯
$$\begin{array}{r} 4 \\ +\ 2 \\ \hline \end{array}$$
$$\begin{array}{r} 2 \\ +\ 4 \\ \hline \end{array}$$

⑰
$$\begin{array}{r} 5 \\ +\ 1 \\ \hline \end{array}$$
$$\begin{array}{r} 1 \\ +\ 5 \\ \hline \end{array}$$

⑱
$$\begin{array}{r} 3 \\ +\ 6 \\ \hline \end{array}$$
$$\begin{array}{r} 6 \\ +\ 3 \\ \hline \end{array}$$

⑲
$$\begin{array}{r} 3 \\ +\ 2 \\ \hline \end{array}$$
$$\begin{array}{r} 2 \\ +\ 3 \\ \hline \end{array}$$

⑳
$$\begin{array}{r} 7 \\ +\ 1 \\ \hline \end{array}$$
$$\begin{array}{r} 1 \\ +\ 7 \\ \hline \end{array}$$

㉑
$$\begin{array}{r} 5 \\ +\ 3 \\ \hline \end{array}$$
$$\begin{array}{r} 3 \\ +\ 5 \\ \hline \end{array}$$

㉒
$$\begin{array}{r} 4 \\ +\ 3 \\ \hline \end{array}$$
$$\begin{array}{r} 3 \\ +\ 4 \\ \hline \end{array}$$

㉓
$$\begin{array}{r} 8 \\ +\ 1 \\ \hline \end{array}$$
$$\begin{array}{r} 1 \\ +\ 8 \\ \hline \end{array}$$

㉔
$$\begin{array}{r} 6 \\ +\ 2 \\ \hline \end{array}$$
$$\begin{array}{r} 2 \\ +\ 6 \\ \hline \end{array}$$

241015-0426 ~ 241015-0442

✿ ☐ 안에 알맞은 수를 써넣으세요.

연산Key

$$3 + \boxed{4} = 7$$

3과 4를 모으면 7이므로 ☐=4예요.

① $1 + \boxed{} = 2$

② $1 + \boxed{} = 5$

③ $2 + \boxed{} = 3$

④ $3 + \boxed{} = 4$

⑤ $2 + \boxed{} = 4$

⑥ $2 + \boxed{} = 5$

⑦ $3 + \boxed{} = 5$

⑧ $4 + \boxed{} = 5$

⑨ $1 + \boxed{} = 6$

⑩ $3 + \boxed{} = 6$

⑪ $5 + \boxed{} = 6$

⑫ $1 + \boxed{} = 7$

⑬ $2 + \boxed{} = 7$

⑭ $4 + \boxed{} = 7$

⑮ $1 + \boxed{} = 9$

⑯ $5 + \boxed{} = 7$

⑰ $8 + \boxed{} = 9$

수 모으기를 이용하여 더하는 수를 구해 보세요.

241015-0443 ~ 241015-0457

⑱
	1
+	☐
	8

㉓
	6
+	☐
	8

㉘
	4
+	☐
	9

⑲
	2
+	☐
	8

㉔
	7
+	☐
	8

㉙
	5
+	☐
	9

⑳
	3
+	☐
	8

㉕
	1
+	☐
	9

㉚
	6
+	☐
	9

㉑
	4
+	☐
	8

㉖
	2
+	☐
	9

㉛
	7
+	☐
	9

㉒
	5
+	☐
	8

㉗
	3
+	☐
	9

㉜
	8
+	☐
	9

241015-0458 ~ 241015-0471

❋ ☐ 안에 알맞은 수를 써넣으세요.

연산Key

$3 + \boxed{4} = 7$

$4 + \boxed{3} = 7$

3+4와 4+3은 7로 같아요.

1
$1 + \boxed{} = 3$
$2 + \boxed{} = 3$

2
$3 + \boxed{} = 8$
$5 + \boxed{} = 8$

3
$1 + \boxed{} = 5$
$4 + \boxed{} = 5$

4
$2 + \boxed{} = 5$
$3 + \boxed{} = 5$

5
$1 + \boxed{} = 6$
$5 + \boxed{} = 6$

6
$2 + \boxed{} = 6$
$4 + \boxed{} = 6$

7
$1 + \boxed{} = 7$
$6 + \boxed{} = 7$

8
$2 + \boxed{} = 7$
$5 + \boxed{} = 7$

9
$1 + \boxed{} = 4$
$3 + \boxed{} = 4$

10
$1 + \boxed{} = 8$
$7 + \boxed{} = 8$

11
$2 + \boxed{} = 8$
$6 + \boxed{} = 8$

12
$1 + \boxed{} = 9$
$8 + \boxed{} = 9$

13
$2 + \boxed{} = 9$
$7 + \boxed{} = 9$

14
$3 + \boxed{} = 9$
$6 + \boxed{} = 9$

더하는 두 수를 바꾸어 더해도 합은 같음을 이용하여 구해 보세요.

⑮
```
    4          1
 + □        + □
 ─────      ─────
    5          5
```

⑯
```
    7          1
 + □        + □
 ─────      ─────
    8          8
```

⑰
```
    4          3
 + □        + □
 ─────      ─────
    7          7
```

⑱
```
    7          2
 + □        + □
 ─────      ─────
    9          9
```

⑲
```
    5          1
 + □        + □
 ─────      ─────
    6          6
```

⑳
```
    6          3
 + □        + □
 ─────      ─────
    9          9
```

㉑
```
    5          3
 + □        + □
 ─────      ─────
    8          8
```

㉒
```
    4          5
 + □        + □
 ─────      ─────
    9          9
```

241015-0480 ~ 241015-0493

✸ 빈칸에 알맞은 수를 써넣으세요.

연산Key

+	4
3	7

3+4=7

1

+	4
1	

2

+	2
3	

3

+	1
5	

4

+	6
2	

5

+	1
6	

6

+	3
4	

7

+	5
3	

8

+	2
7	

9

+	3
1	

10

+	8
1	

11

+	2
5	

12

+	5
4	

13

+	4
2	

14

+	6
1	

학습 점검 | 학습 날짜 | 걸린 시간 | 맞은 개수
월   일 | 분   초 |

241015-0494 ~ 241015-0508

⑮

+	5
1	

⑳

+	1
3	

㉕

+	☐
4	5

⑯

+	3
2	

㉑

+	5
2	

㉖

+	☐
3	6

⑰

+	2
2	

㉒

+	6
3	

㉗

+	☐
5	9

⑱

+	2
6	

㉓

+	7
1	

㉘

+	☐
4	8

⑲

+	3
3	

㉔

+	1
8	

㉙

+	☐
6	7

241015-0509 ~ 241015-0522

✽ 그림을 보고 뺄셈을 해 보세요.

연산Key

$$7-2=\boxed{5}$$

● 7개에서 ● 2개를 빼면
5개가 남으므로 7-2=5예요.

1

$$3-1=\boxed{}$$

2

$$3-2=\boxed{}$$

3

$$6-4=\boxed{}$$

4

$$8-2=\boxed{}$$

5

$$5-2=\boxed{}$$

6

$$9-1=\boxed{}$$

7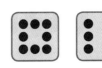

$$8-4=\boxed{}$$

8

$$6-3=\boxed{}$$

9

$$7-5=\boxed{}$$

10

$$9-4=\boxed{}$$

11

$$8-6=\boxed{}$$

12

$$7-3=\boxed{}$$

13

$$5-4=\boxed{}$$

14

$$9-7=\boxed{}$$

⑮

$6 - 1 = \square$

⑯

$5 - 3 = \square$

⑰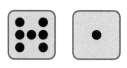

$7 - 1 = \square$

⑱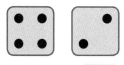

$4 - 2 = \square$

⑲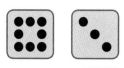

$8 - 3 = \square$

⑳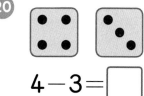

$4 - 3 = \square$

㉑

$6 - 2 = \square$

㉒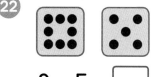

$8 - 5 = \square$

㉓

$9 - 2 = \square$

㉔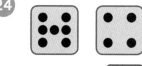

$7 - 4 = \square$

㉕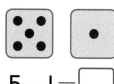

$5 - 1 = \square$

㉖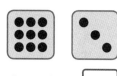

$9 - 3 = \square$

㉗

$8 - 1 = \square$

㉘

$6 - 5 = \square$

㉙

$9 - 6 = \square$

241015-0538 ~ 241015-0548

❊ 수 가르기를 하고 뺄셈을 해 보세요.

연산Key

6은 5와 1로 가르기 할 수 있으므로 6−5=1이에요.

$6 - 5 = 1$

1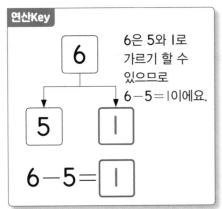

$4 - 1 = \square$

2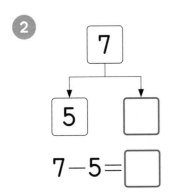

$7 - 5 = \square$

3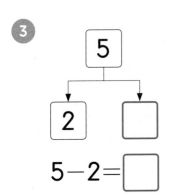

$5 - 2 = \square$

4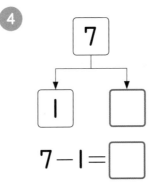

$7 - 1 = \square$

5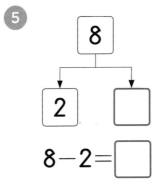

$8 - 2 = \square$

6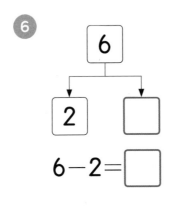

$6 - 2 = \square$

7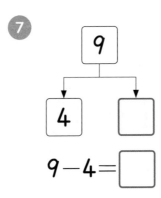

$9 - 4 = \square$

8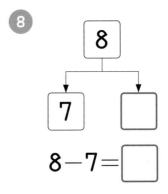

$8 - 7 = \square$

9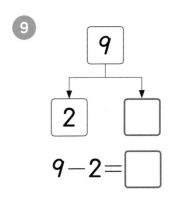

$9 - 2 = \square$

10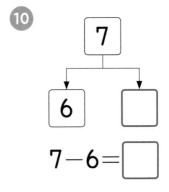

$7 - 6 = \square$

11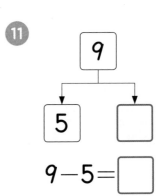

$9 - 5 = \square$

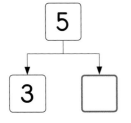

⑫

5

3 □

5−3=□

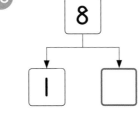

⑯

8

1 □

8−1=□

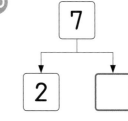

⑳

7

2 □

7−2=□

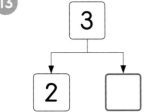

⑬

3

2 □

3−2=□

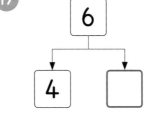

⑰

6

4 □

6−4=□

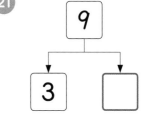

㉑

9

3 □

9−3=□

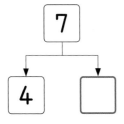

⑭

7

4 □

7−4=□

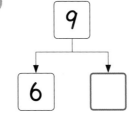

⑱

9

6 □

9−6=□

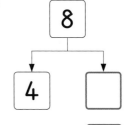

㉒

8

4 □

8−4=□

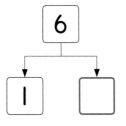

⑮

6

1 □

6−1=□

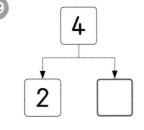

⑲

4

2 □

4−2=□

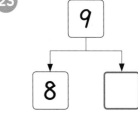

㉓

9

8 □

9−8=□

241015-0561 ~ 241015-0577

✿ 뺄셈을 해 보세요.

연산Key

$5-1=\boxed{4}$

1. $3-1=\square$

2. $4-1=\square$

3. $8-1=\square$

4. $6-1=\square$

5. $7-1=\square$

6. $3-2=\square$

7. $5-2=\square$

8. $6-2=\square$

9. $9-2=\square$

10. $7-2=\square$

11. $8-2=\square$

12. $4-3=\square$

13. $6-3=\square$

14. $7-3=\square$

15. $8-3=\square$

16. $5-3=\square$

17. $9-3=\square$

두 수의 뺄셈을 가로셈과 세로셈으로 계산해 보세요.

⑱
$$\begin{array}{r} 6 \\ -\ 4 \\ \hline \end{array}$$

⑲
$$\begin{array}{r} 5 \\ -\ 4 \\ \hline \end{array}$$

⑳
$$\begin{array}{r} 8 \\ -\ 4 \\ \hline \end{array}$$

㉑
$$\begin{array}{r} 7 \\ -\ 4 \\ \hline \end{array}$$

㉒
$$\begin{array}{r} 9 \\ -\ 4 \\ \hline \end{array}$$

㉓
$$\begin{array}{r} 6 \\ -\ 5 \\ \hline \end{array}$$

㉔
$$\begin{array}{r} 7 \\ -\ 5 \\ \hline \end{array}$$

㉕
$$\begin{array}{r} 9 \\ -\ 5 \\ \hline \end{array}$$

㉖
$$\begin{array}{r} 8 \\ -\ 5 \\ \hline \end{array}$$

㉗
$$\begin{array}{r} 7 \\ -\ 6 \\ \hline \end{array}$$

㉘
$$\begin{array}{r} 8 \\ -\ 6 \\ \hline \end{array}$$

㉙
$$\begin{array}{r} 9 \\ -\ 6 \\ \hline \end{array}$$

㉚
$$\begin{array}{r} 8 \\ -\ 7 \\ \hline \end{array}$$

㉛
$$\begin{array}{r} 9 \\ -\ 7 \\ \hline \end{array}$$

㉜
$$\begin{array}{r} 9 \\ -\ 8 \\ \hline \end{array}$$

241015-0593 ~ 241015-0603

✿ 수 가르기를 하고 뺄셈식을 완성해 보세요.

연산Key

8

8은 3과 5로 가르기 할 수 있으므로 8−3=5예요.

3   5

8 − 3 = 5

4

7

6   □

7 − □ = □

8

6

5   □

6 − □ = □

1

3

2   □

3 − □ = □

5

8

4   □

8 − □ = □

9

7

4   □

7 − □ = □

2

4

2   □

4 − □ = □

6

5

1   □

5 − □ = □

10

9

8   □

9 − □ = □

3

6

3   □

6 − □ = □

7

9

2   □

9 − □ = □

11

8

7   □

8 − □ = □

가르기 한 수를 구하고 뺄셈식으로 나타내 보세요.

241015-0604 ~ 241015-0615

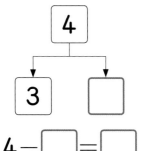
⑫
4 → 3, □
4 − □ = □

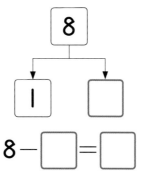
⑯
8 → 1, □
8 − □ = □

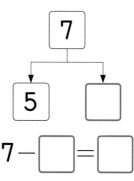
⑳
7 → 5, □
7 − □ = □

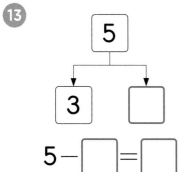
⑬
5 → 3, □
5 − □ = □

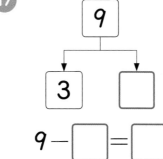
⑰
9 → 3, □
9 − □ = □

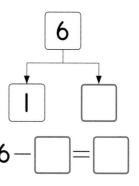
㉑
6 → 1, □
6 − □ = □

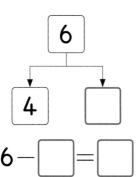
⑭
6 → 4, □
6 − □ = □

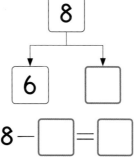
⑱
8 → 6, □
8 − □ = □

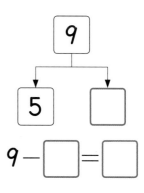
㉒
9 → 5, □
9 − □ = □

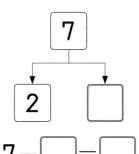
⑮
7 → 2, □
7 − □ = □

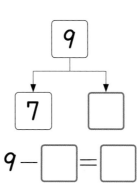
⑲
9 → 7, □
9 − □ = □

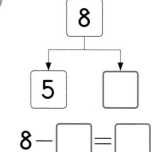
㉓
8 → 5, □
8 − □ = □

241015-0616 ~ 241015-0632

✿ 뺄셈을 해 보세요.

연산Key

$$9 - 4 = \boxed{5}$$

① $2 - 1 = \square$

② $4 - 3 = \square$

③ $7 - 2 = \square$

④ $5 - 4 = \square$

⑤ $6 - 3 = \square$

⑥ $7 - 1 = \square$

⑦ $4 - 2 = \square$

⑧ $8 - 5 = \square$

⑨ $9 - 1 = \square$

⑩ $8 - 6 = \square$

⑪ $5 - 2 = \square$

⑫ $8 - 7 = \square$

⑬ $9 - 5 = \square$

⑭ $6 - 2 = \square$

⑮ $7 - 6 = \square$

⑯ $9 - 7 = \square$

⑰ $8 - 4 = \square$

두 수의 차가 바로 생각나지 않을 땐 수 가르기를 이용해 보세요.

학습 점검	학습 날짜		걸린 시간		맞은 개수
	월	일	분	초	

241015-0633 ~ 241015-0647

⑱

```
    4
 −  1
─────
```

⑲

```
    6
 −  5
─────
```

⑳

```
    5
 −  1
─────
```

㉑

```
    7
 −  4
─────
```

㉒

```
    8
 −  1
─────
```

㉓

```
    3
 −  2
─────
```

㉔

```
    8
 −  3
─────
```

㉕

```
    9
 −  2
─────
```

㉖

```
    5
 −  3
─────
```

㉗

```
    7
 −  5
─────
```

㉘

```
    9
 −  8
─────
```

㉙

```
    8
 −  2
─────
```

㉚

```
    7
 −  3
─────
```

㉛

```
    6
 −  4
─────
```

㉜

```
    9
 −  6
─────
```

차가 8까지인 뺄셈(2)

학습목표

❶ 더하는 두 수를 바꾸어 빼기로 차가 8까지인 뺄셈 익히기

❷ 빼는 수 구하기로 차가 8까지인 뺄셈 익히기

이제부터는 앞차시에서 학습한 덧셈식을 이용하여 빼는 수 구하는 연습을 할 거야.
자, 그럼 차가 8까지인 뺄셈을 완벽하게 공부해 보자.

원리 깨치기

❶ 더하는 두 수를 바꾸어 빼 보아요.

$$3 + 4 = 7 \implies$$

$$7 - 3 = 4$$
$$7 - 4 = 3$$

- 덧셈식에서 더하는 두 수를 바꾸어 뺄셈식 2개를 만들 수 있습니다.
- 전체에서 한 수를 빼면 다른 한 수가 됩니다.

❷ 수 가르기로 빼는 수를 구해 보아요.

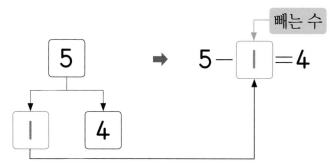

빼는 수

$$5 - \boxed{1} = 4$$

- 5는 1과 4로 가르기 할 수 있으므로 $5 - 1 = 4$에서 ▢ = 1입니다.

❸ 빼는 수를 구해 보아요.

$$8 - \boxed{2} = 6$$

$$8 - \boxed{6} = 2$$

- 8은 2와 6으로 가르기 할 수 있으므로 $8 - 2 = 6$에서 ▢ = 2입니다.
- 8은 6과 2로 가르기 할 수 있으므로 $8 - 6 = 2$에서 ▢ = 6입니다.

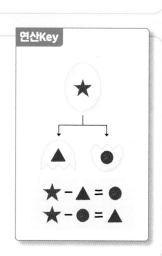

이해 안 되는 내용이 있으면 **한번** 더 공부하고 연산력 키우기로 넘어가세요.

차가 8까지인 뺄셈

241015-0648 ~ 241015-0664

❋ 뺄셈을 해 보세요.

연산Key
$$7 - 1 = \boxed{6}$$

6 $5 - 2 = \square$

12 $7 - 1 = \square$

1 $2 - 1 = \square$

7 $5 - 3 = \square$

13 $7 - 2 = \square$

2 $3 - 1 = \square$

8 $5 - 4 = \square$

14 $7 - 3 = \square$

3 $3 - 2 = \square$

9 $6 - 1 = \square$

15 $7 - 4 = \square$

4 $4 - 1 = \square$

10 $6 - 3 = \square$

16 $7 - 5 = \square$

5 $4 - 3 = \square$

11 $6 - 5 = \square$

17 $7 - 6 = \square$

학습 점검

	학습 날짜	걸린 시간	맞은 개수
	월 일	분 초	

241015-0665 ~ 241015-0679

18
$$\begin{array}{r} 8 \\ -\ 1 \\ \hline \end{array}$$

19
$$\begin{array}{r} 8 \\ -\ 3 \\ \hline \end{array}$$

20
$$\begin{array}{r} 8 \\ -\ 2 \\ \hline \end{array}$$

21
$$\begin{array}{r} 8 \\ -\ 5 \\ \hline \end{array}$$

22
$$\begin{array}{r} 8 \\ -\ 4 \\ \hline \end{array}$$

23
$$\begin{array}{r} 8 \\ -\ 7 \\ \hline \end{array}$$

24
$$\begin{array}{r} 8 \\ -\ 6 \\ \hline \end{array}$$

25
$$\begin{array}{r} 9 \\ -\ 1 \\ \hline \end{array}$$

26
$$\begin{array}{r} 9 \\ -\ 3 \\ \hline \end{array}$$

27
$$\begin{array}{r} 9 \\ -\ 2 \\ \hline \end{array}$$

28
$$\begin{array}{r} 9 \\ -\ 5 \\ \hline \end{array}$$

29
$$\begin{array}{r} 9 \\ -\ 4 \\ \hline \end{array}$$

30
$$\begin{array}{r} 9 \\ -\ 6 \\ \hline \end{array}$$

31
$$\begin{array}{r} 9 \\ -\ 8 \\ \hline \end{array}$$

32
$$\begin{array}{r} 9 \\ -\ 7 \\ \hline \end{array}$$

2일차 차가 8까지인 뺄셈

241015-0680 ~ 241015-0693

❋ 뺄셈을 해 보세요.

연산Key

$7-3=\boxed{4}$

$7-4=\boxed{3}$

5

$6-1=\square$

$6-5=\square$

10

$8-2=\square$

$8-6=\square$

1

$3-1=\square$

$3-2=\square$

6

$6-2=\square$

$6-4=\square$

11

$8-3=\square$

$8-5=\square$

2

$4-1=\square$

$4-3=\square$

7

$7-1=\square$

$7-6=\square$

12

$9-1=\square$

$9-8=\square$

3

$5-1=\square$

$5-4=\square$

8

$7-2=\square$

$7-5=\square$

13

$9-2=\square$

$9-7=\square$

4

$5-2=\square$

$5-3=\square$

9

$8-1=\square$

$8-7=\square$

14

$9-3=\square$

$9-6=\square$

학습 점검	학습 날짜	걸린 시간	맞은 개수
	월 일	분 초	

241015-0694 ~ 241015-0703

⑮

$$\begin{array}{r} 6 \\ -\ 4 \\ \hline \end{array}$$

$$\begin{array}{r} 6 \\ -\ 2 \\ \hline \end{array}$$

⑯

$$\begin{array}{r} 8 \\ -\ 5 \\ \hline \end{array}$$

$$\begin{array}{r} 8 \\ -\ 3 \\ \hline \end{array}$$

⑰

$$\begin{array}{r} 7 \\ -\ 4 \\ \hline \end{array}$$

$$\begin{array}{r} 7 \\ -\ 3 \\ \hline \end{array}$$

⑱

$$\begin{array}{r} 9 \\ -\ 6 \\ \hline \end{array}$$

$$\begin{array}{r} 9 \\ -\ 3 \\ \hline \end{array}$$

⑲

$$\begin{array}{r} 5 \\ -\ 3 \\ \hline \end{array}$$

$$\begin{array}{r} 5 \\ -\ 2 \\ \hline \end{array}$$

⑳

$$\begin{array}{r} 7 \\ -\ 5 \\ \hline \end{array}$$

$$\begin{array}{r} 7 \\ -\ 2 \\ \hline \end{array}$$

㉑

$$\begin{array}{r} 9 \\ -\ 8 \\ \hline \end{array}$$

$$\begin{array}{r} 9 \\ -\ 1 \\ \hline \end{array}$$

㉒

$$\begin{array}{r} 8 \\ -\ 6 \\ \hline \end{array}$$

$$\begin{array}{r} 8 \\ -\ 2 \\ \hline \end{array}$$

㉓

$$\begin{array}{r} 6 \\ -\ 5 \\ \hline \end{array}$$

$$\begin{array}{r} 6 \\ -\ 1 \\ \hline \end{array}$$

㉔

$$\begin{array}{r} 9 \\ -\ 4 \\ \hline \end{array}$$

$$\begin{array}{r} 9 \\ -\ 5 \\ \hline \end{array}$$

241015-0704 ~ 241015-0720

✿ ☐ 안에 알맞은 수를 써넣으세요.

연산Key

$6 - \boxed{1} = 5$

6은 1과 5로 가르기 할 수 있으므로
☐=1이에요.

① $2 - \boxed{} = 1$

② $3 - \boxed{} = 2$

③ $4 - \boxed{} = 1$

④ $4 - \boxed{} = 3$

⑤ $4 - \boxed{} = 2$

⑥ $5 - \boxed{} = 3$

⑦ $5 - \boxed{} = 4$

⑧ $5 - \boxed{} = 2$

⑨ $6 - \boxed{} = 3$

⑩ $6 - \boxed{} = 2$

⑪ $6 - \boxed{} = 4$

⑫ $7 - \boxed{} = 5$

⑬ $7 - \boxed{} = 6$

⑭ $8 - \boxed{} = 1$

⑮ $7 - \boxed{} = 3$

⑯ $7 - \boxed{} = 2$

⑰ $9 - \boxed{} = 1$

18

	8
−	☐
	6

19

	8
−	☐
	4

20

	8
−	☐
	7

21

	8
−	☐
	3

22

	8
−	☐
	2

23

	8
−	☐
	5

24

	9
−	☐
	8

25

	9
−	☐
	7

26

	9
−	☐
	4

27

	9
−	☐
	5

28

	9
−	☐
	3

29

	9
−	☐
	2

241015-0733 ~ 241015-0746

✿ ☐ 안에 알맞은 수를 써넣으세요.

연산Key

$7 - \boxed{3} = 4$

$7 - \boxed{4} = 3$

①
$3 - \boxed{} = 2$

$3 - \boxed{} = 1$

②
$4 - \boxed{} = 3$

$4 - \boxed{} = 1$

③
$5 - \boxed{} = 4$

$5 - \boxed{} = 1$

④
$5 - \boxed{} = 3$

$5 - \boxed{} = 2$

⑤
$6 - \boxed{} = 5$

$6 - \boxed{} = 1$

⑥
$6 - \boxed{} = 4$

$6 - \boxed{} = 2$

⑦
$7 - \boxed{} = 6$

$7 - \boxed{} = 1$

⑧
$7 - \boxed{} = 5$

$7 - \boxed{} = 2$

⑨
$8 - \boxed{} = 7$

$8 - \boxed{} = 1$

⑩
$8 - \boxed{} = 2$

$8 - \boxed{} = 6$

⑪
$8 - \boxed{} = 5$

$8 - \boxed{} = 3$

⑫
$9 - \boxed{} = 8$

$9 - \boxed{} = 1$

⑬
$9 - \boxed{} = 7$

$9 - \boxed{} = 2$

⑭
$9 - \boxed{} = 5$

$9 - \boxed{} = 4$

어떤 수를 가르기 한 두 수를 바꾸어 빼는 뺄셈식이에요.

241015-0747 ~ 241015-0754

15

$$4 - \boxed{} = 1 \qquad 4 - \boxed{} = 3$$

16

$$7 - \boxed{} = 2 \qquad 7 - \boxed{} = 5$$

17

$$9 - \boxed{} = 2 \qquad 9 - \boxed{} = 7$$

18

$$5 - \boxed{} = 1 \qquad 5 - \boxed{} = 4$$

19

$$9 - \boxed{} = 6 \qquad 9 - \boxed{} = 3$$

20

$$3 - \boxed{} = 1 \qquad 3 - \boxed{} = 2$$

21

$$8 - \boxed{} = 6 \qquad 8 - \boxed{} = 2$$

22

$$6 - \boxed{} = 2 \qquad 6 - \boxed{} = 4$$

✿ 빈 곳에 알맞은 수를 써넣으세요.

241015-0755 ~ 241015-0768

연산Key

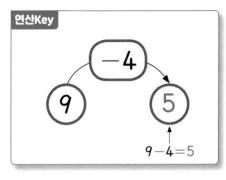

$9-4=5$

1
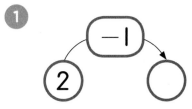

2
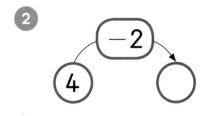

3
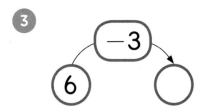

4
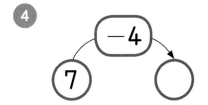

5
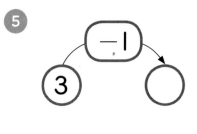

6
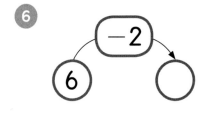

7
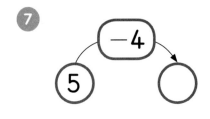

8
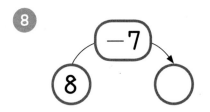

9
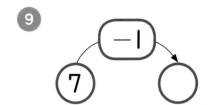

10
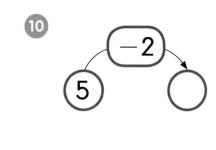

11
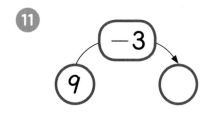

12
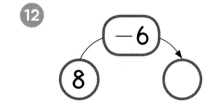

13
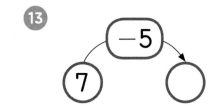

14
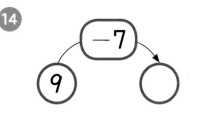

화살표 방향으로 뺀 수를 빈 곳에 써넣어요.

241015-0769 ~ 241015-0783

15
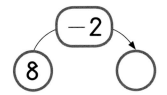

20
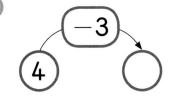

25
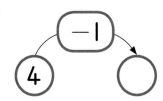

16
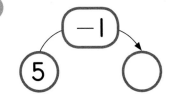

21
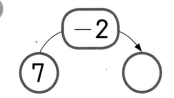

26
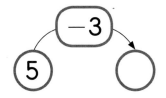

17
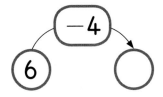

22
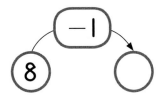

27
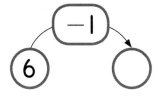

18
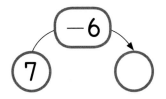

23
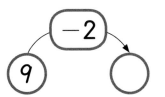

28
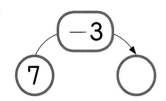

19
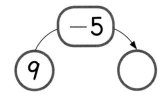

24
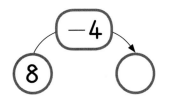

29
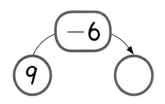

0을 더하거나 빼기

학습목표

1 0에 어떤 수를 더하거나 어떤 수에 0을 더하는 덧셈 익히기

2 어떤 수에서 0을 빼거나 어떤 수에서 그 수 전체를 빼는 뺄셈 익히기

덧셈과 뺄셈을 할 때 신기한 수가 있어.
바로 아무것도 없다는 의미의 숫자 0이야.
0을 더하거나 빼기를 하면서
0이 계산 결과에 어떤 영향을 주는지 알아보자.

❶ 0의 덧셈을 해 보아요.

$$0+3=3$$

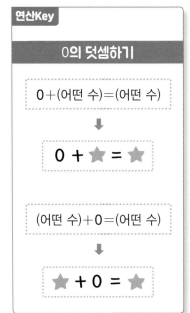

연산Key

0의 덧셈하기

0+(어떤 수)=(어떤 수)

↓

0 + ⭐ = ⭐

(어떤 수)+0=(어떤 수)

↓

⭐ + 0 = ⭐

0에 어떤 수를 더하면 아무것도 더하지 않은 것과 같아요.

• 0에 어떤 수를 더하면 항상 어떤 수가 됩니다.

어떤 수에 0을 더하면 아무것도 더하지 않은 것과 같아요.

$$6+0=6$$

• 어떤 수에 0을 더하면 항상 어떤 수가 됩니다.

❷ 0의 뺄셈을 해 보아요.

어떤 수에서 0을 빼면 아무것도 빼지 않은 것과 같아요.

$$4-0=4$$

연산Key

0의 뺄셈하기

(어떤 수)−0=(어떤 수)

↓

⭐ − 0 = ⭐

(어떤 수)−(어떤 수)=0

↓

⭐ − ⭐ = 0

• 어떤 수에서 0을 빼면 어떤 수 그대로입니다.

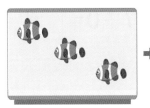 

어떤 수에서 어떤 수를 빼면 남는 것은 아무 것도 없어요.

$$3-3=0$$

• 어떤 수에서 그 수 전체를 빼면 0이 됩니다.

241015-0784 ~ 241015-0797

✱ 그림을 보고 덧셈을 해 보세요.

연산Key

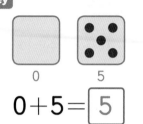

$0+5=5$

①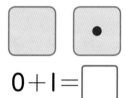

$0+1=\boxed{}$

②

$0+4=\boxed{}$

③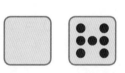

$0+7=\boxed{}$

④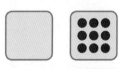

$0+9=\boxed{}$

⑤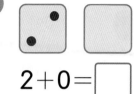

$2+0=\boxed{}$

⑥

$3+0=\boxed{}$

⑦

$5+0=\boxed{}$

⑧

$6+0=\boxed{}$

⑨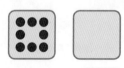

$8+0=\boxed{}$

⑩

$0+2=\boxed{}$

⑪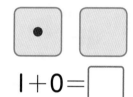

$1+0=\boxed{}$

⑫

$0+3=\boxed{}$

⑬

$7+0=\boxed{}$

⑭

$0+8=\boxed{}$

●이 하나도 없으면 0으로 나타내요.

학습 점검	학습 날짜		걸린 시간		맞은 개수
	월	일	분	초	

🔍 241015-0798 ~ 241015-0812

❀ 그림을 보고 뺄셈을 해 보세요.

⑮

1-0=☐

⑳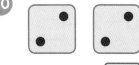

2-2=☐

㉕

2-0=☐

⑯

3-0=☐

㉑

5-5=☐

㉖

8-8=☐

⑰

6-0=☐

㉒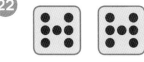

7-7=☐

㉗

5-0=☐

⑱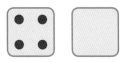

4-0=☐

㉓

4-4=☐

㉘

3-3=☐

⑲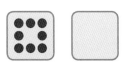

8-0=☐

㉔

6-6=☐

㉙

9-0=☐

241015-0813 ~ 241015-0829

❀ **덧셈을 해 보세요.**

연산Key

$$6 + 0 = \boxed{6}$$

6에 0을 더하면 6 그대로예요.

① $0 + 3 = \square$

② $2 + 0 = \square$

③ $0 + 5 = \square$

④ $3 + 0 = \square$

⑤ $0 + 4 = \square$

⑥ $0 + 2 = \square$

⑦ $7 + 0 = \square$

⑧ $0 + 7 = \square$

⑨ $8 + 0 = \square$

⑩ $0 + 8 = \square$

⑪ $4 + 0 = \square$

⑫ $1 + 0 = \square$

⑬ $0 + 9 = \square$

⑭ $9 + 0 = \square$

⑮ $\square + 7 = 7$

⑯ $5 + 0 = \square$

⑰ $\square + 5 = 5$

0에 어떤 수를 더하거나 어떤 수에 0을 더하면 항상 어떤 수가 돼요.

241015-0830 ~ 241015-0844

⑱
$$\begin{array}{r} 2 \\ +\ 0 \\ \hline \end{array}$$

⑲
$$\begin{array}{r} 0 \\ +\ 3 \\ \hline \end{array}$$

⑳
$$\begin{array}{r} 0 \\ +\ 7 \\ \hline \end{array}$$

㉑
$$\begin{array}{r} 4 \\ +\ 0 \\ \hline \end{array}$$

㉒
$$\begin{array}{r} 0 \\ +\ 1 \\ \hline \end{array}$$

㉓
$$\begin{array}{r} 6 \\ +\ 0 \\ \hline \end{array}$$

㉔
$$\begin{array}{r} 0 \\ +\ 8 \\ \hline \end{array}$$

㉕
$$\begin{array}{r} 0 \\ +\ 4 \\ \hline \end{array}$$

㉖
$$\begin{array}{r} 9 \\ +\ 0 \\ \hline \end{array}$$

㉗
$$\begin{array}{r} 5 \\ +\ 0 \\ \hline \end{array}$$

㉘
$$\begin{array}{r} 0 \\ +\ 5 \\ \hline \end{array}$$

㉙
$$\begin{array}{r} 3 \\ +\ 0 \\ \hline \end{array}$$

㉚
$$\begin{array}{r} 7 \\ +\ 0 \\ \hline \end{array}$$

㉛
$$\begin{array}{r} 0 \\ +\ 9 \\ \hline \end{array}$$

㉜
$$\begin{array}{r} 0 \\ +\ 6 \\ \hline \end{array}$$

1일차
2일차
3일차
4일차
5일차

241015-0845 ~ 241015-0864

❈ 뺄셈을 해 보세요.

연산Key

$5 - 0 = \boxed{5}$

5에서 0을 빼면 5 그대로예요.

① $3 - 0 = \boxed{}$

② $3 - 3 = \boxed{}$

③ $9 - 0 = \boxed{}$

④ $2 - 2 = \boxed{}$

⑤ $6 - 0 = \boxed{}$

⑥ $1 - 1 = \boxed{}$

⑦ $7 - 7 = \boxed{}$

⑧ $8 - 0 = \boxed{}$

⑨ $5 - 5 = \boxed{}$

⑩ $2 - 0 = \boxed{}$

⑪ $8 - 8 = \boxed{}$

⑫ $7 - 0 = \boxed{}$

⑬ $4 - 4 = \boxed{}$

⑭ $6 - 6 = \boxed{}$

⑮ $4 - 0 = \boxed{}$

⑯ $9 - 9 = \boxed{}$

⑰ $1 - \boxed{} = 0$

⑱ $4 - \boxed{} = 0$

⑲ $7 - \boxed{} = 7$

⑳ $8 - \boxed{} = 0$

어떤 수에서 0을 빼면 어떤 수, 어떤 수에서 그 수 전체를 빼면 0이 돼요.

241015-0865 ~ 241015-0879

21
$$\begin{array}{r} 1 \\ -\ 0 \\ \hline \end{array}$$

22
$$\begin{array}{r} 3 \\ -\ 3 \\ \hline \end{array}$$

23
$$\begin{array}{r} 5 \\ -\ 0 \\ \hline \end{array}$$

24
$$\begin{array}{r} 2 \\ -\ 0 \\ \hline \end{array}$$

25
$$\begin{array}{r} 8 \\ -\ 8 \\ \hline \end{array}$$

26
$$\begin{array}{r} 2 \\ -\ 2 \\ \hline \end{array}$$

27
$$\begin{array}{r} 6 \\ -\ 0 \\ \hline \end{array}$$

28
$$\begin{array}{r} 4 \\ -\ 4 \\ \hline \end{array}$$

29
$$\begin{array}{r} 1 \\ -\ 1 \\ \hline \end{array}$$

30
$$\begin{array}{r} 3 \\ -\ 0 \\ \hline \end{array}$$

31
$$\begin{array}{r} 7 \\ -\ 0 \\ \hline \end{array}$$

32
$$\begin{array}{r} 5 \\ -\ 5 \\ \hline \end{array}$$

33
$$\begin{array}{r} 4 \\ -\ 0 \\ \hline \end{array}$$

34
$$\begin{array}{r} 9 \\ -\ 9 \\ \hline \end{array}$$

35
$$\begin{array}{r} 8 \\ -\ 0 \\ \hline \end{array}$$

241015-0880 ～ 241015-0899

❀ ☐ 안에 알맞은 수를 써넣으세요.

연산Key

$\boxed{0} + 6 = 6$

0에 6을 더하면 6 그대로예요.

① $\boxed{} + 1 = 1$

② $1 + \boxed{} = 1$

③ $\boxed{} + 2 = 2$

④ $2 + \boxed{} = 2$

⑤ $\boxed{} + 4 = 4$

⑥ $4 + \boxed{} = 4$

⑦ $6 + \boxed{} = 6$

⑧ $\boxed{} + 5 = 5$

⑨ $5 + \boxed{} = 5$

⑩ $\boxed{} + 7 = 7$

⑪ $3 + \boxed{} = 3$

⑫ $7 + \boxed{} = 7$

⑬ $\boxed{} + 8 = 8$

⑭ $\boxed{} + 9 = 9$

⑮ $9 + \boxed{} = 9$

⑯ $\boxed{} + 0 = 1$

⑰ $0 + \boxed{} = 9$

⑱ $\boxed{} + 0 = 3$

⑲ $8 + \boxed{} = 8$

⑳ $\boxed{} + 0 = 4$

0에 어떤 수를 더하거나 어떤 수에 0을 더해도 값은 변하지 않아요.

학습 날짜	걸린 시간	맞은 개수
월 일	분 초	

241015-0900 ~ 241015-0914

㉑
	□
+	0
	2

㉖
	3
+	□
	3

㉛
	□
+	5
	5

㉒
	□
+	0
	5

㉗
	□
+	0
	1

㉜
	□
+	0
	8

㉓
	1
+	□
	1

㉘
	0
+	□
	2

㉝
	9
+	□
	9

㉔
	□
+	0
	7

㉙
	□
+	0
	4

㉞
	0
+	□
	7

㉕
	6
+	□
	6

㉚
	8
+	□
	8

㉟
	□
+	9
	9

241015-0915 ~ 241015-0934

✿ ☐ 안에 알맞은 수를 써넣으세요.

연산Key

$7 - \boxed{7} = 0$

7에서 7을 빼면 0이에요.

1) $1 - \boxed{} = 1$

2) $3 - \boxed{} = 0$

3) $3 - \boxed{} = 3$

4) $4 - \boxed{} = 4$

5) $5 - \boxed{} = 5$

6) $5 - \boxed{} = 0$

7) $8 - \boxed{} = 8$

8) $4 - \boxed{} = 0$

9) $2 - \boxed{} = 2$

10) $2 - \boxed{} = 0$

11) $6 - \boxed{} = 6$

12) $6 - \boxed{} = 0$

13) $7 - \boxed{} = 7$

14) $9 - \boxed{} = 9$

15) $9 - \boxed{} = 0$

16) $8 - \boxed{} = 0$

17) $\boxed{} - 5 = 0$

18) $\boxed{} - 0 = 3$

19) $\boxed{} - 9 = 0$

20) $\boxed{} - 0 = 8$

㉑

3
− ☐
0

㉖

4
− ☐
0

㉛

8
− ☐
0

㉒

5
− ☐
5

㉗

2
− ☐
0

㉜

6
− ☐
6

㉓

2
− ☐
2

㉘

8
− ☐
8

㉝

7
− ☐
0

㉔

7
− ☐
7

㉙

5
− ☐
0

㉞

4
− ☐
4

㉕

1
− ☐
0

㉚

3
− ☐
3

㉟

9
− ☐
9

덧셈, 뺄셈 규칙으로 계산하기

학습목표

1 더하는 수가 I씩 커지는 덧셈식, 합이 같은 덧셈식에서 규칙을 발견하고 덧셈하기

2 빼는 수가 I씩 커지는 뺄셈식, 차가 같은 뺄셈식에서 규칙을 발견하고 뺄셈하기

앞에서 공부한 덧셈과 뺄셈을 최종 점검해 볼 거야.
덧셈식과 뺄셈식을 완성하면서 규칙을 발견해 보고
다양한 방법으로 덧셈과 뺄셈을 해 보자.

❶ 덧셈을 규칙으로 계산해 보아요.

① 더하는 수가 1씩 커지는 덧셈식

1씩 커져요.   1씩 커져요.

$$4 + 1 = 5$$
$$4 + 2 = 6$$
$$4 + 3 = 7$$
$$4 + 4 = 8$$
$$4 + 5 = 9$$

더하는 수가 1씩 커지면
합도 1씩 커집니다.

② 합이 같은 덧셈식

1씩 커져요.   1씩 작아져요.

$$3 + 5 = 8$$
$$4 + 4 = 8$$
$$5 + 3 = 8$$
$$6 + 2 = 8$$
$$7 + 1 = 8$$

합은 8로
같아요.

더하는 한 수는 1씩 커지고, 다른
한 수는 1씩 작아지면 합은 같습니다.

연산Key

덧셈의 규칙

① ● + ▲ = ■에서 ● 또는
▲가 1씩 커지면 ■도 1씩
커져요.
② ● + ▲ = ■에서 ●는 1씩
커지고 ▲는 1씩 작아지면
■는 같아요.

❷ 뺄셈을 규칙으로 계산해 보아요.

① 빼는 수가 1씩 커지는 뺄셈식

1씩 커져요.   1씩 작아져요.

$$5 - 0 = 5$$
$$5 - 1 = 4$$
$$5 - 2 = 3$$
$$5 - 3 = 2$$
$$5 - 4 = 1$$

빼는 수가 1씩 커지면
차는 1씩 작아집니다.

② 차가 같은 뺄셈식

1씩 커져요.

$$4 - 2 = 2$$
$$5 - 3 = 2$$
$$6 - 4 = 2$$
$$7 - 5 = 2$$
$$8 - 6 = 2$$

차는 2로
같아요.

빼는 두 수가 1씩
커지면 차는 같습니다.

연산Key

뺄셈의 규칙

① ● - ▲ = ■에서 ▲가 1씩
커지면 ■는 1씩 작아져요.
② ● - ▲ = ■에서 ●와 ▲가
각각 1씩 커지면 ■는 같아
요.

이해 안 되는 내용이 있으면 **한번** 더 공부하고 연산력 키우기로 넘어가세요.

241015-0950 ~ 241015-0960

✿ **덧셈을 해 보세요.**

연산Key

$$1+1=\boxed{2}$$
$$\downarrow\scriptstyle{+1}$$
$$1+2=\boxed{3}$$
$$\downarrow\scriptstyle{+1}$$
$$1+3=\boxed{4}$$

더하는 수가 1씩 커지면 합도 1씩 커져요.

1
$$2+0=\boxed{}$$
$$2+1=\boxed{}$$
$$2+2=\boxed{}$$

2
$$3+0=\boxed{}$$
$$3+1=\boxed{}$$
$$3+2=\boxed{}$$

3
$$4+0=\boxed{}$$
$$4+1=\boxed{}$$
$$4+2=\boxed{}$$

4
$$5+0=\boxed{}$$
$$5+1=\boxed{}$$
$$5+2=\boxed{}$$

5
$$6+0=\boxed{}$$
$$6+1=\boxed{}$$
$$6+2=\boxed{}$$

6
$$0+1=\boxed{}$$
$$0+2=\boxed{}$$
$$0+3=\boxed{}$$

7
$$2+1=\boxed{}$$
$$2+2=\boxed{}$$
$$2+3=\boxed{}$$

8
$$3+1=\boxed{}$$
$$3+2=\boxed{}$$
$$3+3=\boxed{}$$

9
$$4+1=\boxed{}$$
$$4+2=\boxed{}$$
$$4+3=\boxed{}$$

10
$$5+1=\boxed{}$$
$$5+2=\boxed{}$$
$$5+3=\boxed{}$$

11
$$6+1=\boxed{}$$
$$6+2=\boxed{}$$
$$6+3=\boxed{}$$

학습 점검	학습 날짜		걸린 시간		맞은 개수
	월	일	분	초	

241015-0961 ~ 241015-0972

12
1＋2＝☐
1＋3＝☐
1＋4＝☐

16
4＋2＝☐
4＋3＝☐
4＋4＝☐

20
2＋3＝☐
2＋4＝☐
2＋5＝☐

13
3＋2＝☐
3＋3＝☐
3＋4＝☐

17
1＋3＝☐
1＋4＝☐
1＋5＝☐

21
1＋4＝☐
1＋5＝☐
1＋6＝☐

14
2＋2＝☐
2＋3＝☐
2＋4＝☐

18
4＋3＝☐
4＋4＝☐
4＋5＝☐

22
3＋4＝☐
3＋5＝☐
3＋6＝☐

15
5＋2＝☐
5＋3＝☐
5＋4＝☐

19
3＋3＝☐
3＋4＝☐
3＋5＝☐

23
2＋4＝☐
2＋5＝☐
2＋6＝☐

241015-0973 ~ 241015-0983

✿ **뺄셈을 해 보세요.**

연산Key

$$6-1=\boxed{5}$$
$$\downarrow_{+1}$$
$$6-2=\boxed{4}$$
$$\downarrow_{+1}$$
$$6-3=\boxed{3}$$

빼는 수가 1씩 커지면 차는 1씩 작아져요.

④
$$6-2=\boxed{}$$
$$6-3=\boxed{}$$
$$6-4=\boxed{}$$

⑧
$$6-3=\boxed{}$$
$$6-4=\boxed{}$$
$$6-5=\boxed{}$$

①
$$4-1=\boxed{}$$
$$4-2=\boxed{}$$
$$4-3=\boxed{}$$

⑤
$$7-2=\boxed{}$$
$$7-3=\boxed{}$$
$$7-4=\boxed{}$$

⑨
$$8-3=\boxed{}$$
$$8-4=\boxed{}$$
$$8-5=\boxed{}$$

②
$$5-1=\boxed{}$$
$$5-2=\boxed{}$$
$$5-3=\boxed{}$$

⑥
$$9-2=\boxed{}$$
$$9-3=\boxed{}$$
$$9-4=\boxed{}$$

⑩
$$5-3=\boxed{}$$
$$5-4=\boxed{}$$
$$5-5=\boxed{}$$

③
$$3-1=\boxed{}$$
$$3-2=\boxed{}$$
$$3-3=\boxed{}$$

⑦
$$8-2=\boxed{}$$
$$8-3=\boxed{}$$
$$8-4=\boxed{}$$

⑪
$$7-3=\boxed{}$$
$$7-4=\boxed{}$$
$$7-5=\boxed{}$$

12

$6-4=\boxed{}$

$6-5=\boxed{}$

$6-6=\boxed{}$

16

$9-4=\boxed{}$

$9-5=\boxed{}$

$9-6=\boxed{}$

20

$9-5=\boxed{}$

$9-6=\boxed{}$

$9-7=\boxed{}$

13

$9-3=\boxed{}$

$9-4=\boxed{}$

$9-5=\boxed{}$

17

$8-6=\boxed{}$

$8-7=\boxed{}$

$8-8=\boxed{}$

21

$8-4=\boxed{}$

$8-5=\boxed{}$

$8-6=\boxed{}$

14

$5-2=\boxed{}$

$5-3=\boxed{}$

$5-4=\boxed{}$

18

$7-5=\boxed{}$

$7-6=\boxed{}$

$7-7=\boxed{}$

22

$9-7=\boxed{}$

$9-8=\boxed{}$

$9-9=\boxed{}$

15

$7-4=\boxed{}$

$7-5=\boxed{}$

$7-6=\boxed{}$

19

$9-6=\boxed{}$

$9-7=\boxed{}$

$9-8=\boxed{}$

23

$8-5=\boxed{}$

$8-6=\boxed{}$

$8-7=\boxed{}$

241015-0996 ~ 241015-1006

❀ **덧셈을 해 보세요.**

연산Key

$0+3=\boxed{3}$

$1+2=\boxed{3}$

$2+1=\boxed{3}$

합은 3으로 같아요.

④
$1+3=\square$
$2+2=\square$
$3+1=\square$

⑧
$4+5=\square$
$5+4=\square$
$6+3=\square$

①
$0+2=\square$
$1+1=\square$
$2+0=\square$

⑤
$3+4=\square$
$4+3=\square$
$5+2=\square$

⑨
$3+3=\square$
$4+2=\square$
$5+1=\square$

②
$1+6=\square$
$2+5=\square$
$3+4=\square$

⑥
$1+7=\square$
$2+6=\square$
$3+5=\square$

⑩
$2+6=\square$
$3+5=\square$
$4+4=\square$

③
$1+4=\square$
$2+3=\square$
$3+2=\square$

⑦
$2+4=\square$
$3+3=\square$
$4+2=\square$

⑪
$4+4=\square$
$5+3=\square$
$6+2=\square$

12
$$2+3=\boxed{}$$
$$3+2=\boxed{}$$
$$4+1=\boxed{}$$

16
$$2+5=\boxed{}$$
$$3+4=\boxed{}$$
$$4+3=\boxed{}$$

20
$$1+5=\boxed{}$$
$$2+4=\boxed{}$$
$$3+3=\boxed{}$$

13
$$1+8=\boxed{}$$
$$2+7=\boxed{}$$
$$3+6=\boxed{}$$

17
$$4+3=\boxed{}$$
$$5+2=\boxed{}$$
$$6+1=\boxed{}$$

21
$$3+6=\boxed{}$$
$$4+5=\boxed{}$$
$$5+4=\boxed{}$$

14
$$5+4=\boxed{}$$
$$6+3=\boxed{}$$
$$7+2=\boxed{}$$

18
$$5+3=\boxed{}$$
$$6+2=\boxed{}$$
$$7+1=\boxed{}$$

22
$$6+3=\boxed{}$$
$$7+2=\boxed{}$$
$$8+1=\boxed{}$$

15
$$0+8=\boxed{}$$
$$1+7=\boxed{}$$
$$2+6=\boxed{}$$

19
$$2+7=\boxed{}$$
$$3+6=\boxed{}$$
$$4+5=\boxed{}$$

23
$$3+5=\boxed{}$$
$$4+4=\boxed{}$$
$$5+3=\boxed{}$$

241015-1019 ~ 241015-1029

✿ **뺄셈을 해 보세요.**

연산Key

$$6 - 3 = \boxed{3}$$
$$7 - 3 = \boxed{4}$$
$$8 - 3 = \boxed{5}$$

빼지는 수가 1씩 커지면 차도 1씩 커져요.

①

$$1 - 1 = \square$$
$$2 - 1 = \square$$
$$3 - 1 = \square$$

②

$$4 - 2 = \square$$
$$5 - 2 = \square$$
$$6 - 2 = \square$$

③

$$2 - 2 = \square$$
$$3 - 2 = \square$$
$$4 - 2 = \square$$

④

$$6 - 1 = \square$$
$$7 - 1 = \square$$
$$8 - 1 = \square$$

⑤

$$3 - 3 = \square$$
$$4 - 3 = \square$$
$$5 - 3 = \square$$

⑥

$$5 - 4 = \square$$
$$6 - 4 = \square$$
$$7 - 4 = \square$$

⑦

$$7 - 2 = \square$$
$$8 - 2 = \square$$
$$9 - 2 = \square$$

⑧

$$6 - 6 = \square$$
$$7 - 6 = \square$$
$$8 - 6 = \square$$

⑨

$$6 - 5 = \square$$
$$7 - 5 = \square$$
$$8 - 5 = \square$$

⑩

$$4 - 4 = \square$$
$$5 - 4 = \square$$
$$6 - 4 = \square$$

⑪

$$7 - 5 = \square$$
$$8 - 5 = \square$$
$$9 - 5 = \square$$

241015-1030 ~ 241015-1041

⑫
$$2-0=\boxed{}$$
$$3-0=\boxed{}$$
$$4-0=\boxed{}$$

⑯
$$3-1=\boxed{}$$
$$4-1=\boxed{}$$
$$5-1=\boxed{}$$

⑳
$$6-2=\boxed{}$$
$$7-2=\boxed{}$$
$$8-2=\boxed{}$$

⑬
$$4-1=\boxed{}$$
$$5-1=\boxed{}$$
$$6-1=\boxed{}$$

⑰
$$7-4=\boxed{}$$
$$8-4=\boxed{}$$
$$9-4=\boxed{}$$

㉑
$$5-5=\boxed{}$$
$$6-5=\boxed{}$$
$$7-5=\boxed{}$$

⑭
$$3-2=\boxed{}$$
$$4-2=\boxed{}$$
$$5-2=\boxed{}$$

⑱
$$5-3=\boxed{}$$
$$6-3=\boxed{}$$
$$7-3=\boxed{}$$

㉒
$$7-7=\boxed{}$$
$$8-7=\boxed{}$$
$$9-7=\boxed{}$$

⑮
$$7-3=\boxed{}$$
$$8-3=\boxed{}$$
$$9-3=\boxed{}$$

⑲
$$7-6=\boxed{}$$
$$8-6=\boxed{}$$
$$9-6=\boxed{}$$

㉓
$$6-4=\boxed{}$$
$$7-4=\boxed{}$$
$$8-4=\boxed{}$$

241015-1042 ~ 241015-1052

❀ 덧셈을 해 보세요.

연산Key

$2+3=\boxed{5}$

$1+4=\boxed{5}$

$0+5=\boxed{5}$

합은 5로 같아요.

4

$1+0=\square$

$1+1=\square$

$1+2=\square$

8

$7+0=\square$

$7+1=\square$

$7+2=\square$

1

$5+2=\square$

$4+3=\square$

$3+4=\square$

5

$3+5=\square$

$2+6=\square$

$1+7=\square$

9

$0+7=\square$

$0+8=\square$

$0+9=\square$

2

$0+3=\square$

$0+4=\square$

$0+5=\square$

6

$2+5=\square$

$2+6=\square$

$2+7=\square$

10

$3+3=\square$

$3+4=\square$

$3+5=\square$

3

$4+1=\square$

$3+2=\square$

$2+3=\square$

7

$6+3=\square$

$5+4=\square$

$4+5=\square$

11

$7+2=\square$

$8+1=\square$

$9+0=\square$

더하는 두 수 또는 빼는 두 수가 어떻게 변하는지 규칙을 찾아보세요.

241015-1053 ~ 241015-1064

❋ 뺄셈을 해 보세요.

⑫
$2-0=\square$
$2-1=\square$
$2-2=\square$

⑯
$5-1=\square$
$6-1=\square$
$7-1=\square$

⑳
$2-1=\square$
$3-1=\square$
$4-1=\square$

⑬
$4-0=\square$
$4-1=\square$
$4-2=\square$

⑰
$7-1=\square$
$7-2=\square$
$7-3=\square$

㉑
$4-2=\square$
$4-3=\square$
$4-4=\square$

⑭
$6-0=\square$
$6-1=\square$
$6-2=\square$

⑱
$8-1=\square$
$8-2=\square$
$8-3=\square$

㉒
$5-2=\square$
$6-2=\square$
$7-2=\square$

⑮
$8-0=\square$
$8-1=\square$
$8-2=\square$

⑲
$9-1=\square$
$9-2=\square$
$9-3=\square$

㉓
$7-1=\square$
$8-1=\square$
$9-1=\square$

MEMO

만점왕 연산

1단계

초등 1학년 권장

정답

2~6까지의 수 모으기와 가르기

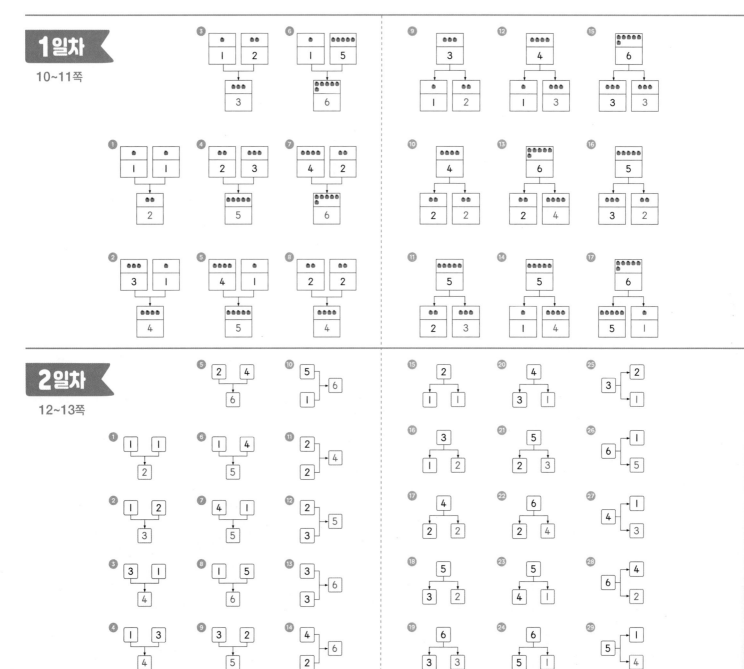

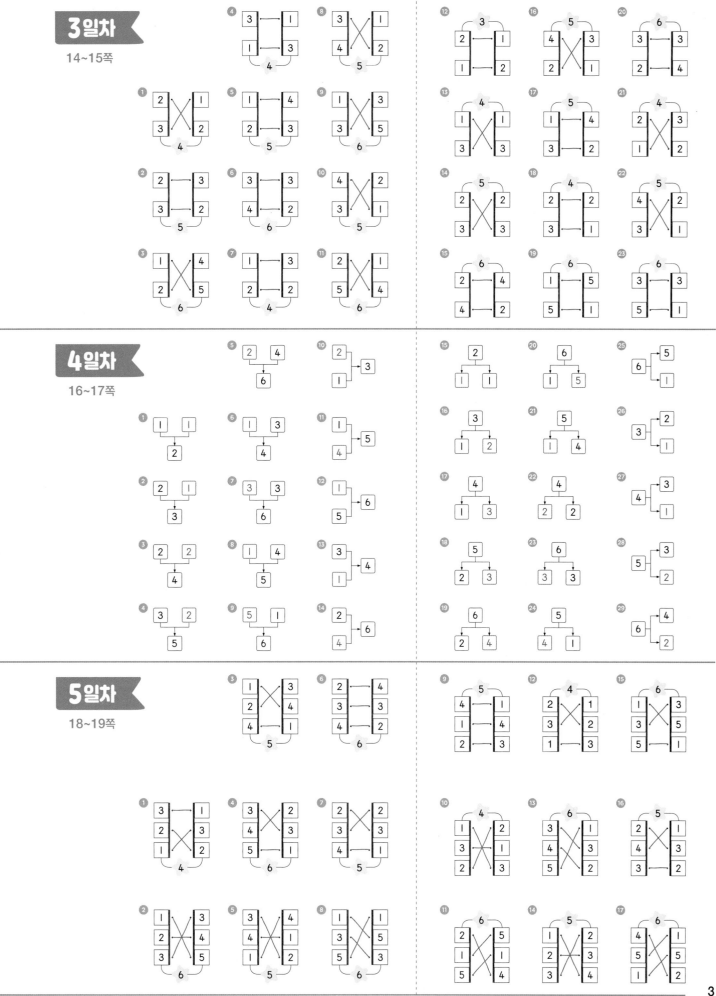

7~9까지의 수 모으기와 가르기

1일차
22~23쪽

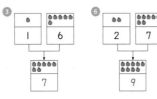

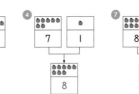

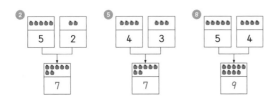

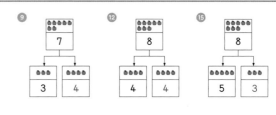

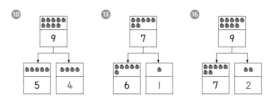

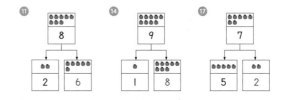

2일차
24~25쪽

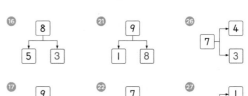

4

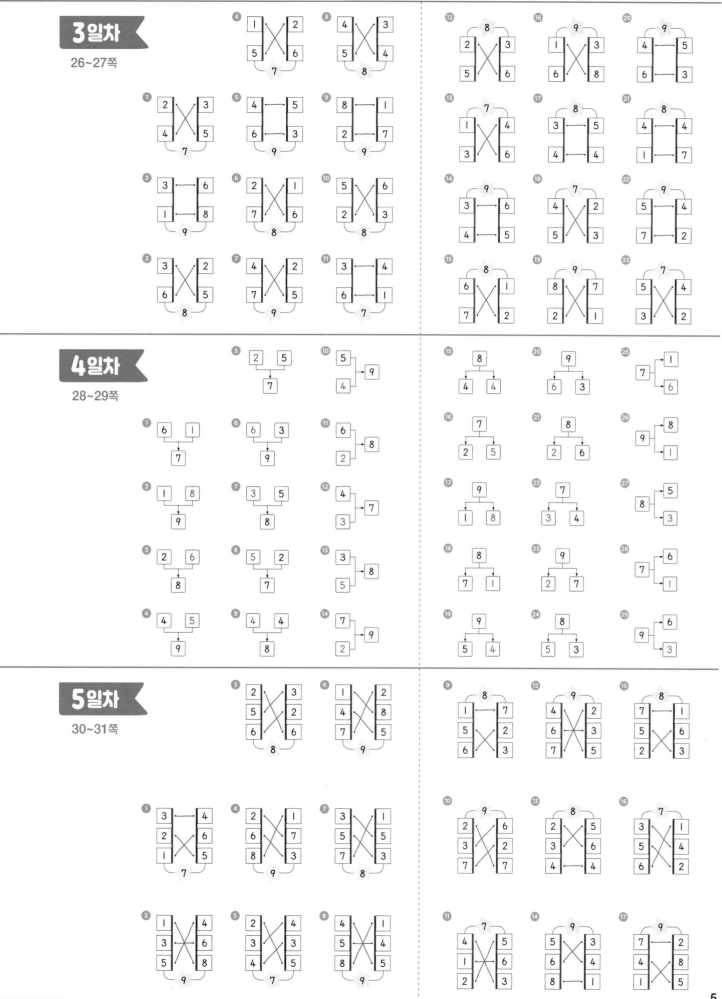

5

합이 9까지인 덧셈(1)

1일차 34~35쪽

1. 1+1=2
2. 1+3=4
3. 2+4=6
4. 1+2=3
5. 2+1=3
6. 1+6=7
7. 6+3=9
8. 3+4=7
9. 5+2=7
10. 4+5=9
11. 2+3=5
12. 6+2=8
13. 2+7=9
14. 3+5=8
15. 3+2=5
16. 4+1=5
17. 5+1=6
18. 2+6=8
19. 4+3=7
20. 3+3=6
21. 7+2=9
22. 3+1=4
23. 2+5=7
24. 1+7=8
25. 4+2=6
26. 4+4=8
27. 1+4=5
28. 6+1=7
29. 5+4=9

2일차 36~37쪽

1. 1 2 → 3, 1+2=3
2. 3 1 → 4, 3+1=4
3. 2 6 → 8, 2+6=8
4. 4 1 → 5, 4+1=5
5. 1 6 → 7, 1+6=7
6. 7 1 → 8, 7+1=8
7. 6 3 → 9, 6+3=9
8. 2 4 → 6, 2+4=6
9. 1 5 → 6, 1+5=6
10. 5 2 → 7, 5+2=7
11. 3 4 → 7, 3+4=7
12. 5 4 → 9, 5+4=9
13. 6 2 → 8, 6+2=8
14. 1 8 → 9, 1+8=9
15. 2 5 → 7, 2+5=7
16. 6 1 → 7, 6+1=7
17. 3 3 → 6, 3+3=6
18. 4 4 → 8, 4+4=8
19. 5 3 → 8, 5+3=8
20. 1 7 → 8, 1+7=8
21. 3 6 → 9, 3+6=9
22. 4 2 → 6, 4+2=6
23. 2 7 → 9, 2+7=9

38~39쪽

3일차

1) 1+2=3
2) 1+7=8
3) 1+4=5
4) 1+5=6
5) 1+8=9

6) 2+1=3
7) 2+5=7
8) 2+3=5
9) 2+4=6
10) 2+7=9
11) 2+6=8

12) 3+1=4
13) 3+2=5
14) 3+6=9
15) 3+4=7
16) 3+5=8
17) 3+3=6

18) 4+1=5
19) 4+2=6
20) 4+4=8
21) 5+1=6
22) 5+3=8

23) 4+5=9
24) 5+2=7
25) 4+3=7
26) 5+4=9
27) 6+1=7

28) 6+3=9
29) 7+1=8
30) 7+2=9
31) 8+1=9
32) 6+2=8

4일차

40~41쪽

4) 5, 2 → 7   5+2=7
8) 3, 6 → 9   3+6=9
12) 1, 4 → 5   1+4=5
16) 2, 5 → 7   2+5=7
20) 2, 7 → 9   2+7=9

1) 1, 5 → 6   1+5=6
5) 2, 3 → 5   2+3=5
9) 3, 4 → 7   3+4=7
13) 3, 2 → 5   3+2=5
17) 4, 3 → 7   4+3=7
21) 4, 4 → 8   4+4=8

2) 2, 6 → 8   2+6=8
6) 7, 1 → 8   7+1=8
10) 6, 2 → 8   6+2=8
14) 4, 2 → 6   4+2=6
18) 5, 3 → 8   5+3=8
22) 6, 3 → 9   6+3=9

3) 2, 2 → 4   2+2=4
7) 1, 6 → 7   1+6=7
11) 5, 4 → 9   5+4=9
15) 6, 1 → 7   6+1=7
19) 1, 8 → 9   1+8=9
23) 1, 7 → 8   1+7=8

5일차

42~43쪽

1) 1+1=2
2) 2+2=4
3) 4+5=9
4) 2+5=7
5) 3+6=9

6) 8+1=9
7) 5+1=6
8) 1+2=3
9) 2+7=9
10) 4+4=8
11) 5+3=8

12) 3+1=4
13) 3+2=5
14) 2+4=6
15) 7+2=9
16) 3+5=8
17) 6+2=8

18) 1+3=4
19) 3+3=6
20) 3+4=7
21) 1+5=6
22) 2+3=5

23) 4+3=7
24) 1+7=8
25) 6+1=7
26) 4+2=6
27) 5+4=9

28) 1+4=5
29) 5+2=7
30) 1+8=9
31) 2+6=8
32) 6+3=9

연산 4차시

합이 9까지인 덧셈(2)

1일차
46~47쪽

① 1+1=2
② 6+2=8
③ 5+1=6
④ 7+1=8
⑤ 2+2=4
⑥ 1+3=4
⑦ 3+4=7
⑧ 5+3=8
⑨ 2+6=8
⑩ 4+4=8
⑪ 1+5=6
⑫ 2+1=3
⑬ 3+2=5
⑭ 4+3=7
⑮ 5+4=9
⑯ 7+2=9
⑰ 8+1=9

⑱ 1+2=3
⑲ 2+3=5
⑳ 3+3=6
㉑ 2+7=9
㉒ 4+2=6
㉓ 5+2=7
㉔ 4+1=5
㉕ 4+5=9
㉖ 3+6=9
㉗ 1+7=8
㉘ 3+5=8
㉙ 1+8=9
㉚ 2+5=7
㉛ 6+1=7
㉜ 6+3=9

2일차
48~49쪽

① 1+2=3, 2+1=3
② 2+3=5, 3+2=5
③ 3+4=7, 4+3=7
④ 4+1=5, 1+4=5
⑤ 2+4=6, 4+2=6
⑥ 3+5=8, 5+3=8
⑦ 1+5=6, 5+1=6
⑧ 2+5=7, 5+2=7
⑨ 2+6=8, 6+2=8
⑩ 1+6=7, 6+1=7
⑪ 6+3=9, 3+6=9
⑫ 1+7=8, 7+1=8
⑬ 4+5=9, 5+4=9
⑭ 2+7=9, 7+2=9

⑮ 3+1=4, 1+3=4
⑯ 4+2=6, 2+4=6
⑰ 5+1=6, 1+5=6
⑱ 3+6=9, 6+3=9
⑲ 3+2=5, 2+3=5
⑳ 7+1=8, 1+7=8
㉑ 5+3=8, 3+5=8
㉒ 4+3=7, 3+4=7
㉓ 8+1=9, 1+8=9
㉔ 6+2=8, 2+6=8

8

3일차

50~51쪽

1. 1+$\boxed{1}$=2
2. 1+$\boxed{4}$=5
3. 2+$\boxed{1}$=3
4. 3+$\boxed{1}$=4
5. 2+$\boxed{2}$=4

6. 2+$\boxed{3}$=5
7. 3+$\boxed{2}$=5
8. 4+$\boxed{1}$=5
9. 1+$\boxed{5}$=6
10. 3+$\boxed{3}$=6
11. 5+$\boxed{1}$=6

12. 1+$\boxed{6}$=7
13. 2+$\boxed{5}$=7
14. 4+$\boxed{3}$=7
15. 1+$\boxed{8}$=9
16. 5+$\boxed{2}$=7
17. 8+$\boxed{1}$=9

18.
$$\begin{array}{r} 1 \\ +\ \boxed{7} \\ \hline 8 \end{array}$$

19.
$$\begin{array}{r} 2 \\ +\ \boxed{6} \\ \hline 8 \end{array}$$

20.
$$\begin{array}{r} 3 \\ +\ \boxed{5} \\ \hline 8 \end{array}$$

21.
$$\begin{array}{r} 4 \\ +\ \boxed{4} \\ \hline 8 \end{array}$$

22.
$$\begin{array}{r} 5 \\ +\ \boxed{3} \\ \hline 8 \end{array}$$

23.
$$\begin{array}{r} 6 \\ +\ \boxed{2} \\ \hline 8 \end{array}$$

24.
$$\begin{array}{r} 7 \\ +\ \boxed{1} \\ \hline 8 \end{array}$$

25.
$$\begin{array}{r} 1 \\ +\ \boxed{8} \\ \hline 9 \end{array}$$

26.
$$\begin{array}{r} 2 \\ +\ \boxed{7} \\ \hline 9 \end{array}$$

27.
$$\begin{array}{r} 3 \\ +\ \boxed{6} \\ \hline 9 \end{array}$$

28.
$$\begin{array}{r} 4 \\ +\ \boxed{5} \\ \hline 9 \end{array}$$

29.
$$\begin{array}{r} 5 \\ +\ \boxed{4} \\ \hline 9 \end{array}$$

30.
$$\begin{array}{r} 6 \\ +\ \boxed{3} \\ \hline 9 \end{array}$$

31.
$$\begin{array}{r} 7 \\ +\ \boxed{2} \\ \hline 9 \end{array}$$

32.
$$\begin{array}{r} 8 \\ +\ \boxed{1} \\ \hline 9 \end{array}$$

4일차

52~53쪽

1. 1+$\boxed{2}$=3 / 2+$\boxed{1}$=3
2. 3+$\boxed{5}$=8 / 5+$\boxed{3}$=8
3. 1+$\boxed{4}$=5 / 4+$\boxed{1}$=5
4. 2+$\boxed{3}$=5 / 3+$\boxed{2}$=5

5. 1+$\boxed{5}$=6 / 5+$\boxed{1}$=6
6. 2+$\boxed{4}$=6 / 4+$\boxed{2}$=6
7. 1+$\boxed{6}$=7 / 6+$\boxed{1}$=7
8. 2+$\boxed{5}$=7 / 5+$\boxed{2}$=7
9. 1+$\boxed{3}$=4 / 3+$\boxed{1}$=4

10. 1+$\boxed{7}$=8 / 7+$\boxed{1}$=8
11. 2+$\boxed{6}$=8 / 6+$\boxed{2}$=8
12. 1+$\boxed{8}$=9 / 8+$\boxed{1}$=9
13. 2+$\boxed{7}$=9 / 7+$\boxed{2}$=9
14. 3+$\boxed{6}$=9 / 6+$\boxed{3}$=9

15.
$$\begin{array}{r} 4 \\ +\ \boxed{1} \\ \hline 5 \end{array} \qquad \begin{array}{r} 1 \\ +\ \boxed{4} \\ \hline 5 \end{array}$$

16.
$$\begin{array}{r} 7 \\ +\ \boxed{1} \\ \hline 8 \end{array} \qquad \begin{array}{r} 1 \\ +\ \boxed{7} \\ \hline 8 \end{array}$$

17.
$$\begin{array}{r} 4 \\ +\ \boxed{3} \\ \hline 7 \end{array} \qquad \begin{array}{r} 3 \\ +\ \boxed{4} \\ \hline 7 \end{array}$$

18.
$$\begin{array}{r} 7 \\ +\ \boxed{2} \\ \hline 9 \end{array} \qquad \begin{array}{r} 2 \\ +\ \boxed{7} \\ \hline 9 \end{array}$$

19.
$$\begin{array}{r} 5 \\ +\ \boxed{1} \\ \hline 6 \end{array} \qquad \begin{array}{r} 1 \\ +\ \boxed{5} \\ \hline 6 \end{array}$$

20.
$$\begin{array}{r} 6 \\ +\ \boxed{3} \\ \hline 9 \end{array} \qquad \begin{array}{r} 3 \\ +\ \boxed{6} \\ \hline 9 \end{array}$$

21.
$$\begin{array}{r} 5 \\ +\ \boxed{3} \\ \hline 8 \end{array} \qquad \begin{array}{r} 3 \\ +\ \boxed{5} \\ \hline 8 \end{array}$$

22.
$$\begin{array}{r} 4 \\ +\ \boxed{5} \\ \hline 9 \end{array} \qquad \begin{array}{r} 5 \\ +\ \boxed{4} \\ \hline 9 \end{array}$$

5일차

54~55쪽

번호	+			번호	+			번호	+	
1	+	4		6	+	3		11	+	2
	1	5			4	7			5	7
2	+	2		7	+	5		12	+	5
	3	5			3	8			4	9
3	+	1		8	+	2		13	+	4
	5	6			7	9			2	6
4	+	6		9	+	3		14	+	6
	2	8			1	4			1	7
5	+	1		10	+	8				
	6	7			1	9				

번호	+			번호	+			번호	+	
15	+	5		20	+	1		25	+	$\boxed{1}$
	1	6			3	4			4	5
16	+	3		21	+	5		26	+	$\boxed{3}$
	2	5			2	7			3	6
17	+	2		22	+	6		27	+	$\boxed{4}$
	2	4			3	9			5	9
18	+	2		23	+	7		28	+	$\boxed{4}$
	6	8			1	8			4	8
19	+	3		24	+	1		29	+	$\boxed{1}$
	3	6			8	9			6	7

차가 8까지인 뺄셈(1)

1일차

58~59쪽

⑤ 5-2=3

⑩ 9-4=5

① 3-1=2

⑥ 9-1=8

⑪ 8-6=2

② 3-2=1

⑦ 8-4=4

⑫ 7-3=4

③ 6-4=2

⑧ 6-3=3

⑬ 5-4=1

④ 8-2=6

⑨ 7-5=2

⑭ 9-7=2

⑮ 6-1=5

⑳ 4-3=1

㉕ 5-1=4

⑯ 5-3=2

㉑ 6-2=4

㉖ 9-3=6

⑰ 7-1=6

㉒ 8-5=3

㉗ 8-1=7

⑱ 4-2=2

㉓ 9-2=7

㉘ 6-5=1

⑲ 8-3=5

㉔ 7-4=3

㉙ 9-6=3

2일차

60~61쪽

④ 7 / 1 6 / 7-1=6

⑧ 8 / 7 1 / 8-7=1

① 4 / 1 3 / 4-1=3

⑤ 8 / 2 6 / 8-2=6

⑨ 9 / 2 7 / 9-2=7

② 7 / 5 2 / 7-5=2

⑥ 6 / 2 4 / 6-2=4

⑩ 7 / 6 1 / 7-6=1

③ 5 / 2 3 / 5-2=3

⑦ 9 / 4 5 / 9-4=5

⑪ 9 / 5 4 / 9-5=4

⑫ 5 / 3 2 / 5-3=2

⑯ 8 / 1 7 / 8-1=7

⑳ 7 / 2 5 / 7-2=5

⑬ 3 / 2 1 / 3-2=1

⑰ 6 / 4 2 / 6-4=2

㉑ 9 / 3 6 / 9-3=6

⑭ 7 / 4 3 / 7-4=3

⑱ 9 / 6 3 / 9-6=3

㉒ 8 / 4 4 / 8-4=4

⑮ 6 / 1 5 / 6-1=5

⑲ 4 / 2 2 / 4-2=2

㉓ 9 / 8 1 / 9-8=1

10

3일차
62~63쪽

1) 3−1=2
2) 4−1=3
3) 8−1=7
4) 6−1=5
5) 7−1=6
6) 3−2=1
7) 5−2=3
8) 6−2=4
9) 9−2=7
10) 7−2=5
11) 8−2=6
12) 4−3=1
13) 6−3=3
14) 7−3=4
15) 8−3=5
16) 5−3=2
17) 9−3=6

18) 6 − 4 = 2
19) 5 − 4 = 1
20) 8 − 4 = 4
21) 7 − 4 = 3
22) 9 − 4 = 5
23) 6 − 5 = 1
24) 7 − 5 = 2
25) 9 − 5 = 4
26) 8 − 5 = 3
27) 7 − 6 = 1
28) 8 − 6 = 2
29) 9 − 6 = 3
30) 8 − 7 = 1
31) 9 − 7 = 2
32) 9 − 8 = 1

4일차
64~65쪽

1) 3 → 2, 1 ; 3−2=1
2) 4 → 2, 2 ; 4−2=2
3) 6 → 3, 3 ; 6−3=3
4) 7 → 6, 1 ; 7−6=1
5) 8 → 4, 4 ; 8−4=4
6) 5 → 1, 4 ; 5−1=4
7) 9 → 2, 7 ; 9−2=7
8) 6 → 5, 1 ; 6−5=1
9) 7 → 4, 3 ; 7−4=3
10) 9 → 8, 1 ; 9−8=1
11) 8 → 7, 1 ; 8−7=1
12) 4 → 3, 1 ; 4−3=1
13) 5 → 3, 2 ; 5−3=2
14) 6 → 4, 2 ; 6−4=2
15) 7 → 2, 5 ; 7−2=5
16) 8 → 1, 7 ; 8−1=7
17) 9 → 3, 6 ; 9−3=6
18) 8 → 6, 2 ; 8−6=2
19) 9 → 7, 2 ; 9−7=2
20) 7 → 5, 2 ; 7−5=2
21) 6 → 1, 5 ; 6−1=5
22) 9 → 5, 4 ; 9−5=4
23) 8 → 5, 3 ; 8−5=3

5일차
66~67쪽

1) 2−1=1
2) 4−3=1
3) 7−2=5
4) 5−4=1
5) 6−3=3
6) 7−1=6
7) 4−2=2
8) 8−5=3
9) 9−1=8
10) 8−6=2
11) 5−2=3
12) 8−7=1
13) 9−5=4
14) 6−2=4
15) 7−6=1
16) 9−7=2
17) 8−4=4

18) 4 − 1 = 3
19) 6 − 5 = 1
20) 5 − 1 = 4
21) 7 − 4 = 3
22) 8 − 1 = 7
23) 3 − 2 = 1
24) 8 − 3 = 5
25) 9 − 2 = 7
26) 5 − 3 = 2
27) 7 − 5 = 2
28) 9 − 8 = 1
29) 8 − 2 = 6
30) 7 − 3 = 4
31) 6 − 4 = 2
32) 9 − 6 = 3

차가 8까지인 뺄셈(2)

1일차
70~71쪽

① $2-1=1$
② $3-1=2$
③ $3-2=1$
④ $4-1=3$
⑤ $4-3=1$

⑥ $5-2=3$
⑦ $5-3=2$
⑧ $5-4=1$
⑨ $6-1=5$
⑩ $6-3=3$
⑪ $6-5=1$

⑫ $7-1=6$
⑬ $7-2=5$
⑭ $7-3=4$
⑮ $7-4=3$
⑯ $7-5=2$
⑰ $7-6=1$

⑱ $8-1=7$
⑲ $8-3=5$
⑳ $8-2=6$
㉑ $8-5=3$
㉒ $8-4=4$

㉓ $8-7=1$
㉔ $8-6=2$
㉕ $9-1=8$
㉖ $9-3=6$
㉗ $9-2=7$

㉘ $9-5=4$
㉙ $9-4=5$
㉚ $9-6=3$
㉛ $9-8=1$
㉜ $9-7=2$

2일차
72~73쪽

① $3-1=2$ / $3-2=1$
② $4-1=3$ / $4-3=1$
③ $5-1=4$ / $5-4=1$
④ $5-2=3$ / $5-3=2$

⑤ $6-1=5$ / $6-5=1$
⑥ $6-2=4$ / $6-4=2$
⑦ $7-1=6$ / $7-6=1$
⑧ $7-2=5$ / $7-5=2$
⑨ $8-1=7$ / $8-7=1$

⑩ $8-2=6$ / $8-6=2$
⑪ $8-3=5$ / $8-5=3$
⑫ $9-1=8$ / $9-8=1$
⑬ $9-2=7$ / $9-7=2$
⑭ $9-3=6$ / $9-6=3$

⑮ $6-4=2$ / $6-2=4$
⑯ $8-5=3$ / $8-3=5$
⑰ $7-4=3$ / $7-3=4$
⑱ $9-6=3$ / $9-3=6$
⑲ $5-3=2$ / $5-2=3$

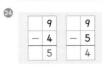

⑳ $7-5=2$ / $7-2=5$
㉑ $9-8=1$ / $9-1=8$
㉒ $8-6=2$ / $8-2=6$
㉓ $6-5=1$ / $6-1=5$
㉔ $9-4=5$ / $9-5=4$

3일차

74~75쪽

1) $2 - \boxed{1} = 1$
2) $3 - \boxed{1} = 2$
3) $4 - \boxed{3} = 1$
4) $4 - \boxed{1} = 3$
5) $4 - \boxed{2} = 2$

6) $5 - \boxed{2} = 3$
7) $5 - \boxed{1} = 4$
8) $5 - \boxed{3} = 2$
9) $6 - \boxed{3} = 3$
10) $6 - \boxed{4} = 2$
11) $6 - \boxed{2} = 4$

12) $7 - \boxed{2} = 5$
13) $7 - \boxed{1} = 6$
14) $8 - \boxed{7} = 1$
15) $7 - \boxed{4} = 3$
16) $7 - \boxed{5} = 2$
17) $9 - \boxed{8} = 1$

18) $8 - \boxed{2} = 6$
19) $8 - \boxed{4} = 4$
20) $8 - \boxed{1} = 7$
21) $8 - \boxed{5} = 3$
22) $8 - \boxed{6} = 2$
23) $8 - \boxed{3} = 5$
24) $9 - \boxed{1} = 8$
25) $9 - \boxed{2} = 7$
26) $9 - \boxed{5} = 4$
27) $9 - \boxed{4} = 5$
28) $9 - \boxed{6} = 3$
29) $9 - \boxed{7} = 2$

4일차

76~77쪽

1) $3 - \boxed{1} = 2$; $3 - \boxed{2} = 1$
2) $4 - \boxed{1} = 3$; $4 - \boxed{3} = 1$
3) $5 - \boxed{1} = 4$; $5 - \boxed{4} = 1$
4) $5 - \boxed{2} = 3$; $5 - \boxed{3} = 2$

5) $6 - \boxed{1} = 5$; $6 - \boxed{5} = 1$
6) $6 - \boxed{2} = 4$; $6 - \boxed{4} = 2$
7) $7 - \boxed{1} = 6$; $7 - \boxed{6} = 1$
8) $7 - \boxed{2} = 5$; $7 - \boxed{5} = 2$
9) $8 - \boxed{1} = 7$; $8 - \boxed{7} = 1$

10) $8 - \boxed{6} = 2$; $8 - \boxed{2} = 6$
11) $8 - \boxed{3} = 5$; $8 - \boxed{5} = 3$
12) $9 - \boxed{1} = 8$; $9 - \boxed{8} = 1$
13) $9 - \boxed{2} = 7$; $9 - \boxed{7} = 2$
14) $9 - \boxed{4} = 5$; $9 - \boxed{5} = 4$

15) $4 - \boxed{3} = 1$; $4 - \boxed{1} = 3$
16) $7 - \boxed{5} = 2$; $7 - \boxed{2} = 5$
17) $9 - \boxed{7} = 2$; $9 - \boxed{2} = 7$
18) $5 - \boxed{4} = 1$; $5 - \boxed{1} = 4$
19) $9 - \boxed{3} = 6$; $9 - \boxed{6} = 3$
20) $3 - \boxed{2} = 1$; $3 - \boxed{1} = 2$
21) $8 - \boxed{2} = 6$; $8 - \boxed{6} = 2$
22) $6 - \boxed{4} = 2$; $6 - \boxed{2} = 4$

5일차

78~79쪽

1) $2 \xrightarrow{-1} 1$
2) $4 \xrightarrow{-2} 2$
3) $6 \xrightarrow{-3} 3$
4) $7 \xrightarrow{-4} 3$

5) $3 \xrightarrow{-1} 2$
6) $6 \xrightarrow{-2} 4$
7) $5 \xrightarrow{-4} 1$
8) $8 \xrightarrow{-7} 1$
9) $7 \xrightarrow{-1} 6$

10) $5 \xrightarrow{-2} 3$
11) $9 \xrightarrow{-3} 6$
12) $8 \xrightarrow{-6} 2$
13) $7 \xrightarrow{-5} 2$
14) $9 \xrightarrow{-7} 2$

15) $8 \xrightarrow{-2} 6$
16) $5 \xrightarrow{-1} 4$
17) $6 \xrightarrow{-4} 2$
18) $7 \xrightarrow{-6} 1$
19) $9 \xrightarrow{-5} 4$

20) $4 \xrightarrow{-3} 1$
21) $7 \xrightarrow{-2} 5$
22) $8 \xrightarrow{-1} 7$
23) $9 \xrightarrow{-2} 7$
24) $8 \xrightarrow{-4} 4$

25) $4 \xrightarrow{-1} 3$
26) $5 \xrightarrow{-3} 2$
27) $6 \xrightarrow{-1} 5$
28) $7 \xrightarrow{-3} 4$
29) $9 \xrightarrow{-6} 3$

0을 더하거나 빼기

1일차
82~83쪽

⑤ $2+0=2$

⑩ $0+2=2$

⑮ $1-0=1$

⑳ $2-2=0$

㉕ $2-0=2$

① $0+1=1$

⑥ $3+0=3$

⑪ $1+0=1$

⑯ $3-0=3$

㉑ $5-5=0$

㉖ $8-8=0$

② $0+4=4$

⑦ $5+0=5$

⑫ $0+3=3$

⑰ $6-0=6$

㉒ $7-7=0$

㉗ $5-0=5$

③ $0+7=7$

⑧ $6+0=6$

⑬ $7+0=7$

⑱ $4-0=4$

㉓ $4-4=0$

㉘ $3-3=0$

④ $0+9=9$

⑨ $8+0=8$

⑭ $0+8=8$

⑲ $8-0=8$

㉔ $6-6=0$

㉙ $9-0=9$

2일차
84~85쪽

⑥ $0+2=2$

⑫ $1+0=1$

① $0+3=3$

⑦ $7+0=7$

⑬ $0+9=9$

② $2+0=2$

⑧ $0+7=7$

⑭ $9+0=9$

③ $0+5=5$

⑨ $8+0=8$

⑮ $0+7=7$

④ $3+0=3$

⑩ $0+8=8$

⑯ $5+0=5$

⑤ $0+4=4$

⑪ $4+0=4$

⑰ $0+5=5$

⑱
$$\begin{array}{r} 2 \\ +\ 0 \\ \hline 2 \end{array}$$

㉓
$$\begin{array}{r} 6 \\ +\ 0 \\ \hline 6 \end{array}$$

㉘
$$\begin{array}{r} 0 \\ +\ 5 \\ \hline 5 \end{array}$$

⑲
$$\begin{array}{r} 0 \\ +\ 3 \\ \hline 3 \end{array}$$

㉔
$$\begin{array}{r} 0 \\ +\ 8 \\ \hline 8 \end{array}$$

㉙
$$\begin{array}{r} 3 \\ +\ 0 \\ \hline 3 \end{array}$$

⑳
$$\begin{array}{r} 0 \\ +\ 7 \\ \hline 7 \end{array}$$

㉕
$$\begin{array}{r} 0 \\ +\ 4 \\ \hline 4 \end{array}$$

㉚
$$\begin{array}{r} 7 \\ +\ 0 \\ \hline 7 \end{array}$$

㉑
$$\begin{array}{r} 4 \\ +\ 0 \\ \hline 4 \end{array}$$

㉖
$$\begin{array}{r} 9 \\ +\ 0 \\ \hline 9 \end{array}$$

㉛
$$\begin{array}{r} 0 \\ +\ 9 \\ \hline 9 \end{array}$$

㉒
$$\begin{array}{r} 0 \\ +\ 1 \\ \hline 1 \end{array}$$

㉗
$$\begin{array}{r} 5 \\ +\ 0 \\ \hline 5 \end{array}$$

㉜
$$\begin{array}{r} 0 \\ +\ 6 \\ \hline 6 \end{array}$$

14

3일차
86~87쪽

1. $3-0=\boxed{3}$
2. $3-3=\boxed{0}$
3. $9-0=\boxed{9}$
4. $2-2=\boxed{0}$
5. $6-0=\boxed{6}$
6. $1-1=\boxed{0}$
7. $7-7=\boxed{0}$
8. $8-0=\boxed{8}$
9. $5-5=\boxed{0}$
10. $2-0=\boxed{2}$
11. $8-8=\boxed{0}$
12. $7-0=\boxed{7}$
13. $4-4=\boxed{0}$
14. $6-6=\boxed{0}$
15. $4-0=\boxed{4}$
16. $9-9=\boxed{0}$
17. $1-\boxed{1}=0$
18. $4-\boxed{4}=0$
19. $7-\boxed{0}=7$
20. $8-\boxed{8}=0$

21. $1-0=1$
22. $3-3=0$
23. $5-0=5$
24. $2-0=2$
25. $8-8=0$
26. $2-2=0$
27. $6-0=6$
28. $4-4=0$
29. $1-1=0$
30. $3-0=3$
31. $7-0=7$
32. $5-5=0$
33. $4-0=4$
34. $9-9=0$
35. $8-0=8$

4일차
88~89쪽

1. $\boxed{0}+1=1$
2. $1+\boxed{0}=1$
3. $\boxed{0}+2=2$
4. $2+\boxed{0}=2$
5. $\boxed{0}+4=4$
6. $4+\boxed{0}=4$
7. $6+\boxed{0}=6$
8. $\boxed{0}+5=5$
9. $5+\boxed{0}=5$
10. $\boxed{0}+7=7$
11. $3+\boxed{0}=3$
12. $7+\boxed{0}=7$
13. $\boxed{0}+8=8$
14. $\boxed{0}+9=9$
15. $9+\boxed{0}=9$
16. $\boxed{1}+0=1$
17. $0+\boxed{9}=9$
18. $\boxed{3}+0=3$
19. $8+\boxed{0}=8$
20. $\boxed{4}+0=4$

21. $\boxed{2}+0=2$
22. $\boxed{5}+0=5$
23. $1+\boxed{0}=1$
24. $\boxed{7}+0=7$
25. $6+\boxed{0}=6$
26. $3+\boxed{0}=3$
27. $\boxed{1}+0=1$
28. $0+\boxed{2}=2$
29. $\boxed{4}+0=4$
30. $8+\boxed{0}=8$
31. $\boxed{0}+5=5$
32. $\boxed{8}+0=8$
33. $9+\boxed{0}=9$
34. $0+\boxed{7}=7$
35. $\boxed{0}+9=9$

5일차
90~91쪽

1. $1-\boxed{0}=1$
2. $3-\boxed{3}=0$
3. $3-\boxed{0}=3$
4. $4-\boxed{0}=4$
5. $5-\boxed{0}=5$
6. $5-\boxed{5}=0$
7. $8-\boxed{0}=8$
8. $4-\boxed{4}=0$
9. $2-\boxed{0}=2$
10. $2-\boxed{2}=0$
11. $6-\boxed{0}=6$
12. $6-\boxed{6}=0$
13. $7-\boxed{0}=7$
14. $9-\boxed{0}=9$
15. $9-\boxed{9}=0$
16. $8-\boxed{8}=0$
17. $\boxed{5}-5=0$
18. $3-0=3$
19. $\boxed{9}-9=0$
20. $\boxed{8}-0=8$

21. $3-\boxed{3}=0$
22. $5-\boxed{0}=5$
23. $2-\boxed{0}=2$
24. $7-\boxed{0}=7$
25. $1-\boxed{1}=0$
26. $4-\boxed{4}=0$
27. $2-\boxed{2}=0$
28. $8-\boxed{0}=8$
29. $5-\boxed{5}=0$
30. $3-\boxed{0}=3$
31. $8-\boxed{8}=0$
32. $6-\boxed{0}=6$
33. $7-\boxed{7}=0$
34. $4-\boxed{0}=4$
35. $9-\boxed{0}=9$

덧셈, 뺄셈 규칙으로 계산하기

1일차

94~95쪽

④
5+0= 5
5+1= 6
5+2= 7

⑧
3+1= 4
3+2= 5
3+3= 6

⑫
1+2= 3
1+3= 4
1+4= 5

⑯
4+2= 6
4+3= 7
4+4= 8

⑳
2+3= 5
2+4= 6
2+5= 7

①
2+0= 2
2+1= 3
2+2= 4

⑤
6+0= 6
6+1= 7
6+2= 8

⑨
4+1= 5
4+2= 6
4+3= 7

⑬
3+2= 5
3+3= 6
3+4= 7

⑰
1+3= 4
1+4= 5
1+5= 6

㉑
1+4= 5
1+5= 6
1+6= 7

②
3+0= 3
3+1= 4
3+2= 5

⑥
0+1= 1
0+2= 2
0+3= 3

⑩
5+1= 6
5+2= 7
5+3= 8

⑭
2+2= 4
2+3= 5
2+4= 6

⑱
4+3= 7
4+4= 8
4+5= 9

㉒
3+4= 7
3+5= 8
3+6= 9

③
4+0= 4
4+1= 5
4+2= 6

⑦
2+1= 3
2+2= 4
2+3= 5

⑪
6+1= 7
6+2= 8
6+3= 9

⑮
5+2= 7
5+3= 8
5+4= 9

⑲
3+3= 6
3+4= 7
3+5= 8

㉓
2+4= 6
2+5= 7
2+6= 8

2일차

96~97쪽

④
6-2= 4
6-3= 3
6-4= 2

⑧
6-3= 3
6-4= 2
6-5= 1

⑫
6-4= 2
6-5= 1
6-6= 0

⑯
9-4= 5
9-5= 4
9-6= 3

⑳
9-5= 4
9-6= 3
9-7= 2

①
4-1= 3
4-2= 2
4-3= 1

⑤
7-2= 5
7-3= 4
7-4= 3

⑨
8-3= 5
8-4= 4
8-5= 3

⑬
9-3= 6
9-4= 5
9-5= 4

⑰
8-6= 2
8-7= 1
8-8= 0

㉑
8-4= 4
8-5= 3
8-6= 2

②
5-1= 4
5-2= 3
5-3= 2

⑥
9-2= 7
9-3= 6
9-4= 5

⑩
5-3= 2
5-4= 1
5-5= 0

⑭
5-2= 3
5-3= 2
5-4= 1

⑱
7-5= 2
7-6= 1
7-7= 0

㉒
9-7= 2
9-8= 1
9-9= 0

③
3-1= 2
3-2= 1
3-3= 0

⑦
8-2= 6
8-3= 5
8-4= 4

⑪
7-3= 4
7-4= 3
7-5= 2

⑮
7-4= 3
7-5= 2
7-6= 1

⑲
9-6= 3
9-7= 2
9-8= 1

㉓
8-5= 3
8-6= 2
8-7= 1

3일차
98~99쪽

④ $1+3=4$, $2+2=4$, $3+1=4$
⑧ $4+5=9$, $5+4=9$, $6+3=9$
⑫ $2+3=5$, $3+2=5$, $4+1=5$
⑯ $2+5=7$, $3+4=7$, $4+3=7$
⑳ $1+5=6$, $2+4=6$, $3+3=6$

① $0+2=2$, $1+1=2$, $2+0=2$
⑤ $3+4=7$, $4+3=7$, $5+2=7$
⑨ $3+3=6$, $4+2=6$, $5+1=6$
⑬ $1+8=9$, $2+7=9$, $3+6=9$
⑰ $4+3=7$, $5+2=7$, $6+1=7$
㉑ $3+6=9$, $4+5=9$, $5+4=9$

② $1+6=7$, $2+5=7$, $3+4=7$
⑥ $1+7=8$, $2+6=8$, $3+5=8$
⑩ $2+6=8$, $3+5=8$, $4+4=8$
⑭ $5+4=9$, $6+3=9$, $7+2=9$
⑱ $5+3=8$, $6+2=8$, $7+1=8$
㉒ $6+3=9$, $7+2=9$, $8+1=9$

③ $1+4=5$, $2+3=5$, $3+2=5$
⑦ $2+4=6$, $3+3=6$, $4+2=6$
⑪ $4+4=8$, $5+3=8$, $6+2=8$
⑮ $0+8=8$, $1+7=8$, $2+6=8$
⑲ $2+7=9$, $3+6=9$, $4+5=9$
㉓ $3+5=8$, $4+4=8$, $5+3=8$

4일차
100~101쪽

④ $6-1=5$, $7-1=6$, $8-1=7$
⑧ $6-6=0$, $7-6=1$, $8-6=2$
⑫ $2-0=2$, $3-0=3$, $4-0=4$
⑯ $3-1=2$, $4-1=3$, $5-1=4$
⑳ $6-2=4$, $7-2=5$, $8-2=6$

① $1-1=0$, $2-1=1$, $3-1=2$
⑤ $3-3=0$, $4-3=1$, $5-3=2$
⑨ $6-5=1$, $7-5=2$, $8-5=3$
⑬ $4-1=3$, $5-1=4$, $6-1=5$
⑰ $7-4=3$, $8-4=4$, $9-4=5$
㉑ $5-5=0$, $6-5=1$, $7-5=2$

② $4-2=2$, $5-2=3$, $6-2=4$
⑥ $5-4=1$, $6-4=2$, $7-4=3$
⑩ $4-4=0$, $5-4=1$, $6-4=2$
⑭ $3-2=1$, $4-2=2$, $5-2=3$
⑱ $5-3=2$, $6-3=3$, $7-3=4$
㉒ $7-7=0$, $8-7=1$, $9-7=2$

③ $2-2=0$, $3-2=1$, $4-2=2$
⑦ $7-2=5$, $8-2=6$, $9-2=7$
⑪ $7-5=2$, $8-5=3$, $9-5=4$
⑮ $7-3=4$, $8-3=5$, $9-3=6$
⑲ $7-6=1$, $8-6=2$, $9-6=3$
㉓ $6-4=2$, $7-4=3$, $8-4=4$

5일차
102~103쪽

④ $1+0=1$, $1+1=2$, $1+2=3$
⑧ $7+0=7$, $7+1=8$, $7+2=9$
⑫ $2-0=2$, $2-1=1$, $2-2=0$
⑯ $5-1=4$, $6-1=5$, $7-1=6$
⑳ $2-1=1$, $3-1=2$, $4-1=3$

① $5+2=7$, $4+3=7$, $3+4=7$
⑤ $3+5=8$, $2+6=8$, $1+7=8$
⑨ $0+7=7$, $0+8=8$, $0+9=9$
⑬ $4-0=4$, $4-1=3$, $4-2=2$
⑰ $7-1=6$, $7-2=5$, $7-3=4$
㉑ $4-2=2$, $4-3=1$, $4-4=0$

② $0+3=3$, $0+4=4$, $0+5=5$
⑥ $2+5=7$, $2+6=8$, $2+7=9$
⑩ $3+3=6$, $3+4=7$, $3+5=8$
⑭ $6-0=6$, $6-1=5$, $6-2=4$
⑱ $8-1=7$, $8-2=6$, $8-3=5$
㉒ $5-2=3$, $6-2=4$, $7-2=5$

③ $4+1=5$, $3+2=5$, $2+3=5$
⑦ $6+3=9$, $5+4=9$, $4+5=9$
⑪ $7+2=9$, $8+1=9$, $9+0=9$
⑮ $8-0=8$, $8-1=7$, $8-2=6$
⑲ $9-1=8$, $9-2=7$, $9-3=6$
㉓ $7-1=6$, $8-1=7$, $9-1=8$

1단계

초등 1학년 권장